El-Hadj DRICHE

Introdução à classificação e Taxonomia dos Procariotas

El-Hadj DRICHE

Introdução à classificação e Taxonomia dos Procariotas

Caraterísticas fenotípicas, análise filogenética

ScienciaScripts

Cover image: www.ingimage.com

This book is a translation from the original published under ISBN 978-620-8-41779-6.

Publisher:
Sciencia Scripts
is a trademark of
Dodo Books Indian Ocean Ltd. and OmniScriptum S.R.L publishing group

120 High Road, East Finchley, London, N2 9ED, United Kingdom
Str. Armeneasca 28/1, office 1, Chisinau MD-2012, Republic of Moldova, Europe
Managing Directors: Ieva Konstantinova, Victoria Ursu
info@omniscriptum.com

Printed at: see last page
ISBN: 978-620-8-61667-0

Conteúdo

Introdução

A sistemática procariótica conheceu um desenvolvimento considerável desde a sua criação. Desde o tempo de Aristóteles que o Homem tenta classificar os organismos vivos, incluindo os procariotas. No entanto, a primeira classificação formal só surgiu no século XVIII, quando Carl Linnaeus a desenvolveu com a nomenclatura binomial, que ainda hoje é utilizada. No entanto, a partir dessa proposição, mais grupos procarióticos apresentam problemas de identidade devido ao seu tamanho microscópico, como suas capacidades metabólicas (Sapp, 2005; Rosselló-Móra e Amann, 2015). Foi apenas com o início da utilização da microscopia no final do século XIX e o seu posterior desenvolvimento por Robert Koch e seus contemporâneos que foram finalmente desenvolvidas técnicas de cultura bacteriana que permitiram isolar e identificar bactérias com base na sua morfologia e caraterísticas fisiológicas. No entanto, os métodos limitavam-se a caraterísticas observáveis porque as bactérias tinham de ser cultiváveis (Gradmann, 2001; Whitman, 2016).

Foi o início da era molecular, que provocou uma mudança completa. Os estudos de Carl Woese sobre a sequenciação do ARNr na década de 1970 evidenciaram o fosso evolutivo entre as bactérias e as arqueas. Este facto levou a uma nova classificação em que foram definidos os três domínios da vida (Woese & Fox, 1977). Por conseguinte, este sistema separou os procariotas em dois domínios (archaea e bactérias), sendo atualmente considerado a base da classificação biológica (Kitahara e Miyazaki, 2013). Além disso, o avanço resultante da metodologia da reação em cadeia da polimerase (PCR) facilitou a amplificação e sequenciação expeditas de regiões distintas de ADN obtidas a partir de amostras muito pequenas. Esta inovação viria mais tarde a fornecer uma base para a metagenómica, através da qual a sequenciação direta de ADN a partir de amostras ambientais poderia ser possível sem cultivo, proporcionando uma oportunidade única para os cientistas estudarem a diversidade genética dos membros que constituem as comunidades microbianas nos seus habitats naturais (Handelsman et al., 1998; Yarza etal., 2014).

Por outro lado, a recente combinação de dados genómicos com ferramentas informáticas permitiu melhorar as árvores filogenéticas, que descrevem as relações não com base em caraterísticas fenotípicas mas a nível genético, tendo em conta a evolução (Koonin et al., 2012).

Nos últimos anos, tem-se verificado um aumento da importância da sistemática procariótica, que investiga a classificação, a nomenclatura e as interações evolutivas entre microrganismos procarióticos. Este aumento pode estar relacionado com a crescente compreensão do papel fundamental que os micróbios desempenham em diversos ecossistemas e com as potenciais aplicações médicas, ambientais e tecnológicas da microbiologia (Pace, 2009).

Além disso, foram feitos desenvolvimentos significativos nesta área através do desenvolvimento de novas estratégias metodológicas e instrumentos analíticos para analisar as enormes quantidades de dados produzidos por tecnologias de sequenciação de ADN de elevado rendimento. Há muitos milhares de espécies e variantes diferentes que foram laboriosamente identificadas, e ainda há mais por descobrir e descrever (Burstein et al., 2017; Konstantinidis et al., 2017).

Como solução para este problema, os cientistas desenvolveram uma multiplicidade de técnicas e estratégias, incluindo dados genómicos, transcriptómicos e proteómicos disponíveis para os microrganismos. Isto tornou realmente possível desenhar toda a estrutura para compreender a relação genética entre procariotas. Permitirá também a reconstrução da árvore filogenética destes organismos e a realização de investigação genómica comparativa para regiões fundamentais e acessórias (Parks et al., 2017; Madigan et al., 2019).

CAPÍTULO 1

Introdução geral Para Sistemática dos procariotas

1.-Visão geral da taxonomia dos procariotas

A taxonomia (das palavras gregas taxis=arranjo ou ordem, e nemein=distribuir ou governar) é a ciência da classificação dos diversos organismos vivos. No caso da taxonomia procariótica, é a ciência da classificação e da nomenclatura das bactérias e das arqueias que registou recentemente grandes progressos. O principal papel da classificação procariótica é definir um sistema robusto e útil que possa ser aplicado à enorme diversidade de vida microscópica para os colocar num grupo natural que siga as suas linhas evolutivas e as caraterísticas que partilham (Parker et al., 2015). Ao mais alto nível, o sistema de três domínios divide toda a vida nos domínios das archaea, bactérias e eucariotas, mostrando uma profunda separação entre estes três ramos fundamentais da árvore da vida (Woese et al., 1990). Nos domínios das archaea e das bactérias, os taxonomistas estão a desenvolver cada vez mais classificações precisas dos procariotas em filos, classes, ordens, famílias, géneros e espécies. O Comité Internacional de Sistemática de Procariotas (ICSP) tem uma revista especializada no domínio da taxonomia bacteriana, o International Journal of Systematic and Evolutionary Microbiology ou IJSEM. Este comité trata de tudo o que está relacionado com a taxonomia bacteriana, e qualquer classificação só é válida se for aprovada por este comité e publicada na sua revista.

2-Definições

2.1.-Sistemática

A sistemática é o ramo da biologia que se ocupa do estudo da diversidade da vida e das suas relações evolutivas. O seu objetivo é compreender a história evolutiva e os padrões de relacionamento entre os organismos. A sistemática utiliza várias técnicas, como a anatomia comparativa, a biologia molecular e a filogenética, para classificar e reconstruir a árvore evolutiva da vida. É a disciplina abrangente que inclui a classificação e a taxonomia (Borrell, B. J. (2021).

2.2.-Taxonomia

A taxonomia é o ramo específico da sistemática que se centra na classificação dos organismos, na designação e na identificação. Envolve o estabelecimento de um sistema de nomenclatura padronizado (i.e., nomenclatura binomial) e o desenvolvimento de classificações taxonómicas hierárquicas para organizar a diversidade da vida. visa fornecer um sistema padronizado e organizado para nomear e classificar organismos com base nas suas caraterísticas partilhadas e relações evolutivas. Engloba vários níveis de classificação, incluindo domínio, reino, filo, classe, ordem, família, género e espécie (Konstantinidis et al., 2017).

2.2.1-Classificação

A classificação é a organização e categorização dos organismos em grupos ou categorias hierarquicamente ordenados, com base nas suas semelhanças e diferenças. O processo também envolve a classificação e a designação dos organismos em categorias definidas, designadas por ordem taxonómica: domínio, reino, filo, ordem, classe, família, género e espécie, com base nas semelhanças e diferenças. Além disso, podem ser utilizados muitos critérios para classificar os organismos, como a morfologia, a genética, o comportamento e as caraterísticas ecológicas. Por conseguinte, o último agrupamento hierárquico dos grupos, do geral para o específico, define uma hierarquia taxonómica (Borrell, 2021).

2.2.2.-Nomenclatura

A nomenclatura é o segundo ramo da taxonomia, que designa os grupos taxonómicos de acordo com regras publicadas. Atribui um nome a estes grupos de acordo com um sistema binomial estabelecido por Carl Linnaeus, no qual um nome latino de género precede o nome da espécie. O seu objetivo é unificar a linguagem científica internacional, atribuindo nomes idênticos aos taxa e permitindo que sejam conhecidos por qualquer microbiologista do mundo. Além disso, a nomenclatura bacteriana é regulada pelo Comité Internacional para a Sistemática dos Procariotas (ICSP) que se encarrega da nomenclatura e taxonomia das Bactérias e Archaea. Além de supervisionar a publicação do IJSEM e do Código Internacional de Nomenclatura de Bactérias, o ICSP orienta uma série de subcomités encarregados de estabelecer e rever critérios para a classificação de novas espécies dentro dos vários grupos de Bactérias e Archaea (Trüper,1999; Parker et al., 2019).

Quando um novo isolado de bactérias ou archaea é obtido na natureza, é necessário determinar o grau em que difere dos taxa existentes para o classificar como um novo taxon. Para obter a confirmação formal do estatuto taxonómico de um novo género ou espécie, é necessário publicar uma descrição exaustiva dos caracteres e caraterísticas únicos do organismo, acompanhada da nomenclatura proposta. Além disso, devem ser depositadas culturas viáveis do organismo em, pelo menos, duas colecções culturais mundiais (**Quadro 1**).

Quadro 1: Algumas colecções internacionais de culturas microbianas

Nome da coleção	País	Sítio Web
Coleção de culturas de tipo americano (ATCC)	Estados Unidos	www.atcc.org
Deutsche Sammlung von Mikroorganismen und Zellkulturen (DSMZ)	Alemanha	www.dsmz.de
Coleção de culturas microbianas do Instituto Nacional de Estudos Ambientais (NIES)	Japão	mcc.nies.go.jp
Coleção de Culturas da Universidade de Gotemburgo (CCUG)	Suécia	www.ccug.se
Centro Geral de Coleção de Culturas Microbiológicas da China (CGMCC)	China	www.cgmcc.net
Colecções Belgas Coordenadas de Microrganismos (BCCM)	Bélgica	bccm.belspo.be
CABI Biociências	Reino Unido	www.cabi.org

A validação dos nomes recentemente propostos através da publicação no International Journal of Systematic and Evolutionary Microbiology (IJSEM), que é a publicação oficial sobre a taxonomia e classificação de eucariotas, archaea e bactérias microbianas, facilita a sua incorporação em fontes de referência taxonómica. Updated Prokaryotic Nomenclature (http://www.dsmz.de) e List of Prokaryotic Names with Status in Nomenclature (http://www.bacterio.net) são dois sítios Web que fornecem listas de nomes bacterianos válidos e aprovados.

Além disso, as caraterísticas fenotípicas e genotípicas dos microrganismos podem ser determinadas sem a necessidade de cultivar uma estirpe isolada através da utilização de técnicas moleculares e genómicas. No entanto, na ausência de um isolado que possa ser depositado em duas colecções internacionais de culturas, não é possível nomear validamente uma nova espécie de microrganismo em conformidade com o Código Bacteriológico. No entanto, nos casos em que um organismo tenha sido completamente caracterizado mas ainda não disponha de uma cultura ou de uma cultura pura, pode ser aplicada uma designação taxonómica provisória à cultura.

Por outro lado, os nomes científicos das bactérias provêm do grego e/ou do latim ou de outra língua a que são acrescentados prefixos ou sufixos latinos. Alguns nomes evocam uma doença ou lesão, outros um cientista, e outros ainda um metabolismo ou uma localização geográfica; Oren e Garrity; 2021).

Existem várias regras na Nomenclatura Binomial do Código Internacional de Nomenclatura de Procariotas (também conhecido como Código Internacional de Nomenclatura Bacteriana), mas citamos algumas delas da seguinte forma:

-O **nome científico de uma espécie procariótica** é composto por duas partes: o nome do género e o epíteto da espécie, escritos em latim ou na forma latinizada. Por exemplo, *Escherichia coli*, em que *Escherichia* é o nome do género e *coli* é o epíteto da espécie.

-Orthography **and etymology**: Os nomes devem ser escritos em alfabeto latino, com a primeira letra do nome do género em maiúsculas e o epíteto da espécie em minúsculas. Os nomes são derivados do latim, do grego ou de outras línguas, com os sufixos e terminações latinos apropriados.

-Prioridade de publicação: O primeiro nome validamente publicado para um táxon tem prioridade e deve ser utilizado, exceto se houver razões específicas para o rejeitar. Os nomes subsequentes para o mesmo táxon são considerados sinónimos e não devem ser utilizados.

Estirpes-tipo: A designação de uma nova espécie ou subespécie deve basear-se numa estirpe-tipo ou num espécime-tipo designado, que serve de referência para esse taxon.

A estirpe ou espécime tipo deve estar depositada em, pelo menos, duas colecções de culturas acessíveis ao público em países diferentes.

-Publicação válida: Para que uma denominação seja considerada validamente publicada, deve ser proposta numa revista ou noutra publicação que satisfaça os critérios especificados no código.

A publicação deve incluir uma descrição do táxon e cumprir outros requisitos, como a data efectiva de publicação.

2.2.3.-Identificação

A identificação é uma parte essencial da classificação taxonómica, que envolve a comparação das propriedades de um espécime não identificado com as caraterísticas de diagnóstico utilizadas para estabelecer grupos taxonómicos distintos. Este processo consiste em atribuir o organismo à classificação taxonómica adequada, que pode incluir domínio, reino, filo, classe, ordem, família, género e espécie. Além disso, esta etapa depende frequentemente da avaliação de chaves de diagnóstico e de atributos morfológicos, fisiológicos e genéticos do organismo não identificado em comparação com as informações contidas em referências taxonómicas, incluindo manuais de identificação, monografias e bases de dados em linha (Tedersoo et al., 2018). No entanto, o grau de certeza das classificações taxonómicas pode ser significativamente influenciado pela escolha e eficácia das ferramentas de identificação, incluindo os primers de PCR que visam o gene 16S rRNA (Klindworth et al., 2013).

O processo de identificação inclui geralmente as seguintes etapas (Puillandre et al., 2012; Klindworth et al., 2013; Yarza et al., 2014; Tedersoo et al., 2018):

1. A observação e a recolha de dados sobre o organismo incluem a sua forma, fisiologia, genética e outras caraterísticas distintivas.
2. Comparação com a referência de classificação utilizando as caraterísticas observadas do organismo com descrições e chaves de diagnóstico disponíveis em recursos taxonómicos, tais como guias de identificação, monografias ou bases de dados em linha.
3. Determinação da posição taxonómica Utilizando as semelhanças e diferenças observadas, o organismo é então atribuído à classificação taxonómica adequada (por exemplo, domínio, reino, filo, classe, ordem, família, género, espécie).

4. A verificação e a validação confirmam a identificação através da verificação de outras fontes fiáveis ou da consulta de taxonomistas, especialmente em casos difíceis ou ambíguos.

Na prática, a determinação do género e da espécie de um procariota recentemente descoberto baseia-se na taxonomia polifásica. Esta abordagem inclui os caracteres fenotípicos, filogenéticos e genotípicos.

2.2.3.1. -Caracteres fenotípicos

Um sistema fenético agrupa os organismos vivos de acordo com a semelhança das suas caraterísticas fenotípicas. Este sistema de classificação conseguiu ordenar a diversidade biológica e clarificar a função das estruturas morfológicas. Os organismos que partilham muitos caracteres formam assim um único grupo fenético ou táxon.

2.2.3.2. -Caracteres filogenéticos

A classificação de bactérias e archaea baseia-se em vários caracteres filogenéticos. A composição de bases do ADN, com o conteúdo de guanina e citosina (G+C%), é um marcador importante (Mesbah et al., 1989). A análise das sequências do gene 16S/18S do RNA ribossómico é o método de referência para estabelecer relações filogenéticas (Olsen et al., 1994) e definir os domínios *Bacteria, Archaea e Eukarya* (Woese et al., 1990). A estrutura e a composição da parede celular, os lípidos da membrana, os flagelos e os pili são também caracteres discriminantes (Jarrell & McBride, 2008; Berry & Pelicic, 2015). As caraterísticas metabólicas e genómicas, como as vias metabólicas, as capacidades de transporte, as enzimas e a composição genética, também fornecem pistas filogenéticas. A utilização combinada destes diferentes marcadores, numa abordagem molecular e genómica, permite estabelecer com precisão as relações evolutivas e a classificação de bactérias e archaea (Madigan et al., 2018).

A validade desta abordagem é agora amplamente aceite e o número de sequências de ARN ribossómico 16S e 18S depositadas em bases de dados internacionais como o GenBank é muito grande e está em constante aumento. Para as sequências de 16S rRNA (bactérias e archaea), a base de dados RDP (Ribosomal Database Project) contém mais de 5,5 milhões de sequências 16S. A base de dados SILVA, que é uma das mais completas para as sequências de rRNA, incluía mais de 6 milhões de sequências 16S.

No entanto, para as sequências de rRNA 18S (eucariotas), a base de dados SILVA incluía mais de 2 milhões de sequências 18S.

A base de dados GenBank, gerida pelo NCBI (National Center for Biotechnology Information), continha vários milhões de sequências 16S e 18S durante o mesmo período.

2.2.3.3. -Caracteres genotípicos

A classificação genotípica baseia-se na análise e comparação de diferentes marcadores moleculares, tais como genes individuais ou genomas inteiros. Uma vez que o conteúdo de guanina e citosina (G+C%) do ADN tem um valor filogenético importante, existe uma grande diferença entre os grupos bacterianos e arqueanos (Mesbah et al., 1989). Desde os anos 70, foi adotado como padrão que as bactérias e as arqueias que partilham pelo menos 70% da homologia dos seus genomas fazem parte da mesma espécie (Wayne et al., 1987; Stackebrandt e Goebel, 1994). A proporção de hibridação ADN-ADN entre estirpes de bactérias foi medida durante muito tempo para efeitos de definição de espécies, com 70% de homologia como valor de referência para a delimitação de espécies (Brenner et al., 1969). Finalmente, a análise do perfil do proteoma pode também refletir dados filogenéticos adicionais (Vandamme et al., 1996).

3.- Classificação hierárquica (ou taxonómica)

A classificação hierárquica é um sistema de taxonomia procariótica que organiza as bactérias e as archaea em grupos ou níveis progressivamente mais inclusivos, com base nas suas caraterísticas evolutivas e partilhadas. Esses níveis, denominados fileiras taxonómicas, são os elementos essenciais da classificação dos organismos biológicos, e a espécie é a unidade taxonómica (ou seja, grupo) mais fundamental na taxonomia bacteriana (Whitman, 2015; Parte et al., 2019). Posteriormente, os grupos de espécies são organizados em géneros (genus), que são posteriormente subdivididos em famílias (Familia), ordens (Ordo), classes (Classis), classes (Phylum) e domínios (ou reinos, o nível mais elevado). No entanto, existem subcategorias dentro destas classificações abrangentes (Parte, 2018 Oren & Garrity, 2021).

As principais classificações taxonómicas e as suas definições, do nível mais elevado ao mais baixo, são apresentadas no **quadro 2.**

Quadro 2: Classificação hierárquica dos microrganismos: Classificações taxonómicas e definições

Classificação taxonómica Definição

Domínio É a classificação taxonómica mais elevada, que divide todos os organismos vivos em três grupos básicos: archaea, bactérias e eucariotas, que representam os três ramos básicos da árvore da vida, reflectindo grandes diferenças evolutivas (Woese et al., 1990).

Reino Representa o nível mais elevado nos grupos de classificação taxonómica, que se divide nas mais básicas e diversas formas de vida. O reino representa a divisão mais ampla dentro da árvore da vida, separando os organismos em vários grupos grandes e distintos (Cavalier-Smith, 2004).

Filo É a unidade básica da taxonomia que inclui classes de organismos com base na sua estreita relação em termos de estados de carácter e proximidade evolutiva (Hugenholtz, 2002)

A classe é uma classificação taxonómica que agrupa uma ou mais ordens que partilham determinadas caraterísticas fundamentais. As classes agrupam ordens estreitamente relacionadas dentro de um filo (Yarza et al. 2014)

Ordem É uma unidade taxonómica constituída por uma ou mais famílias que apresentam semelhanças significativas e são agrupadas como famílias estreitamente relacionadas dentro de uma classe (Yarza et al. 2014).

Família Uma unidade taxonómica que agrupa géneros com relações conhecidas dentro de uma ordem (Whitman et al. 2018).

Género É uma classificação taxonómica que agrupa espécies estreitamente relacionadas que partilham muitas caraterísticas comuns. O nome do género constitui a primeira parte da nomenclatura binomial (Tindall et al., 2010)

Espécie É definida como todas as manchas que partilham várias caraterísticas estáveis e diferem significativamente das outras, ou por semelhança genética (70% ou mais), estimada por experiências de hibridação (Rosselló-Móra e Amann, 2015)

Subespécie É uma classificação taxonómica utilizada para classificar estirpes que não estão suficientemente isoladas para serem designadas como espécies separadas, mas que estão estreitamente relacionadas e partilham caraterísticas distintas dentro da mesma espécie (Cohan, 2019).

Tipo estirpe É geralmente definido como a primeira estirpe minuciosamente estudada e caracterizada em comparação com outras estirpes. É caracterizada por um código de banco e um número de acesso (por exemplo, *E. coli* ATCC 25922) e é geralmente utilizada para definir as caraterísticas da espécie (Stackebrandt et al., 2002).

Estirpe É um organismo único ou isolado de uma cultura pura que tem caraterísticas fenotípicas e genéticas de outras populações dentro de uma categoria taxonómica. No entanto, as estirpes dentro de uma espécie podem diferir ligeiramente umas das outras de várias formas (Whitman, 2015).

Quadro 2: Classificação hierárquica dos microrganismos: Classificações taxonómicas e definições (continuação)

Classificação taxonómica	Definição
Biovar	Trata-se de uma variante de estirpes procarióticas que diferem entre si numa série de diferenças bioquímicas ou fisiológicas (Garrity et al. (2001).
Morfovar	Trata-se de um subtipo distinto de estirpes com base no seu aspeto
Serovar	É uma estirpe delineada pelas suas propriedades antigénicas que mostram uma diferença em relação às outras.
Isolar	Trata-se de uma cultura pura de um microrganismo, normalmente uma estirpe bacteriana ou arqueana, obtida a partir de uma amostra ambiental específica ou de um hospedeiro (Lagier et al., 2015)
Colónia	Trata-se de uma massa visível de células microbianas que crescem num meio de cultura sólido, normalmente utilizado para obter culturas puras de uma estirpe bacteriana ou arqueana específica (Brock, 1987)

Por outro lado, em microbiologia, são acrescentados sufixos distintos aos nomes das várias categorias taxonómicas ou níveis de classificação.
Apresentamos no Quadro 2, estrutura hierárquica em taxonomia, os sufixos frequentes utilizados para os taxa bacterianos e arqueanos:

Tabela 3: Classificações taxonómicas microbianas e sufixos correspondentes

Classificação	**Sufixo**	**Exemplos**
Domínio	Sem sufixo	***Bactérias***, *Archaea*
Filo	*-aeota/-ota*	***Proteobactérias***, Firmicutes, *Euryarchaeota*
Classe	*-ia*	***Gammaproteobactérias***, *Metanobactérias*
Encomendar	*-vendas*	***Enterobacteriales***, *Bacillales, Methanobacteriales, Actinomycetales*
Família	*-áceas*	***Enterobacteriaceae***, *Bacillaceae, Methanobacteriaceae*
Género	Sem sufixo	***Escherichia***, *Bacillus, Methanobacterium*
Espécies	Sem sufixo	***Escherichia coli***, *Bacillus subtilis, Methanobacterium formicicum*

Mais pormenores sobre a abordagem taxonómica serão discutidos mais detalhadamente no Capítulo 3.

4-Sistema de classificação dos organismos vivos

4.1 Sistema de classificação com cinco reinos

O primeiro sistema de classificação foi desenvolvido por Robert H. Whitaker na década de 1960. Este sistema tem por objetivo classificar todos os organismos vivos em cinco reinos distintos, de acordo com, pelo menos, três critérios: 1) o tipo de célula procariótica ou eucariótica, (2) o nível de organização: unicelular ou multicelular, (3) o tipo de nutrição. Os cinco reinos (Whittaker, 1960) são os seguintes

1-Monera: Microrganismos procarióticos, incluindo bactérias e cianobactérias.

2-Protistas: Microrganismos eucarióticos que não se enquadram nos outros quatro reinos. Esta classe inclui muitos organismos unicelulares como os protozoários, as algas e alguns organismos semelhantes aos fungos.

3-Fungos: Organismos que se alimentam de matéria orgânica e têm paredes celulares feitas de quitina. Este reino inclui os fungos, as leveduras e os bolores.

4-Plantas: Organismos multicelulares fotossintéticos capazes de produzir energia através da fotossíntese. Este reino inclui plantas que vão desde musgos e fetos até plantas com flores. **5-Animalia**: organismos multicelulares heterogéneos que não possuem paredes celulares. Este reino inclui todos os animais, desde os simples invertebrados até aos complexos mamíferos.

No entanto, este sistema, com cinco reinos, não é aceite por muitos microbiologistas pelas seguintes razões: a- não há distinção no reino *Monerea* entre bactérias e archaea. b- Protista apresenta demasiada diversidade. c-Os reinos *Protista, Plantea* e *Fungi* estão mal definidos: as algas castanhas não estão tão próximas das plantas que este sistema as coloque no reino *Plantea*.

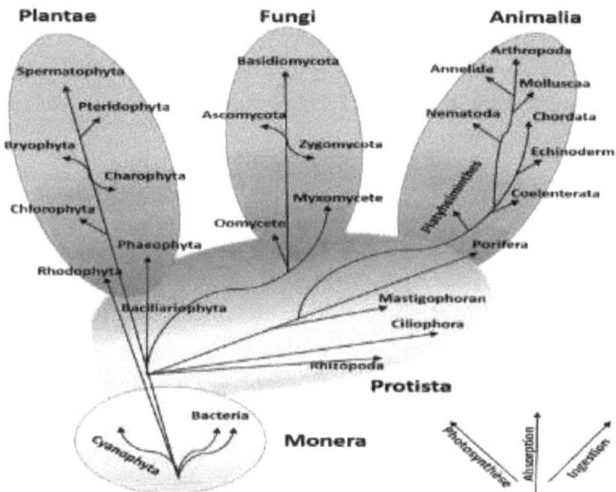

Figura 4. Diagrama representando a árvore filogenética com cinco reinos (***Monera, Protista, Plantae, Fungi e Animalia)*** proposto por Robert H. Whittaker.

1.2- Sistema de classificação com Seis Reinos

O sistema de classificação dos Seis Reinos é um modelo de classificação hierárquica que divide os organismos em seis grandes grupos, com base nas suas linhas evolutivas de diferenças fundamentais em termos de biologia celular, metabolismo e ecologia (Woese et al., 1990; Cavalier-Smith, 2004). Este modelo permitiu uma melhor compreensão das relações evolutivas entre grandes grupos de organismos (quadro 4).

Quadro 4: Sistema dos seis reinos e suas caraterísticas (Woese et al., 1990; Cavalier-Smith, 2004)

Reino Unido	Caraterísticas	Exemplos
Animália (Animais)	- Organismos multicelulares, heterotróficos Células eucarióticas, - Ausência de paredes celulares, Locomoção e perceção sensorial	Mamíferos, aves, répteis, anfíbios, peixes, insectos, etc.
Plantae (Plantas)	- Organismos multicelulares, autotróficos - Células eucarióticas, Presença de paredes celulares, Fotossíntese	Plantas com flores, fetos, musgos, algas verdes, etc.
Fungos	- Organismos multicelulares, heterotróficos	Cogumelos, bolores,

	- Células eucarióticas,- Presença de paredes celulares,- Absorção de nutrientes	leveduras, etc.
Protistas	- Grupo diversificado de organismos eucarióticos unicelularesFalta de diferenciação dos tecidos	Protozoários, bolores viscosos, algumas algas, etc.
Archaea	- Organismos unicelulares procarióticos - Distintos das bactérias na estrutura celular e no metabolismo	Metanogénicos, extremófilos,
Bactérias	- Organismos unicelulares procarióticos - Diversidade em termos de morfologia e metabolismo	Cianobactérias, *Proteobactérias*, Firmicutes, etc.

A maior parte das diferenças entre o sistema dos seis reinos e o anterior sistema dos cinco reinos são as seguintes

-O **reino Monera** (procariotas) está dividido nos reinos *Archaea e Bacteria* para refletir as suas linhagens evolutivas e caraterísticas moleculares distintas.

-Esta classificação reflecte melhor as diferenças fundamentais entre os três domínios da vida: *Archaea, Bacteria, e Eukarya.*

4.3. Sistema de classificação com sete reinos

O sistema dos sete reinos foi estabelecido pelo biólogo Thomas Cavalier-Smith. Este sistema dividiu os organismos em sete reinos totalmente diferentes, reflectindo as diferenças básicas nas caraterísticas celulares, bioquímicas e evolutivas (Cavalier-Smith, 1998, 2004). Este sistema diferencia entre *Plantae*, *Potozoa* e *Chromista*, facilitando uma representação mais efectiva da evolução e diversidade dos eucariotas (Cavalier-Smith, 1998, 2004). É considerado uma melhoria do sistema em seis níveis, representando a fidelidade das relações evolutivas. Os sete reinos são os seguintes (Figura 2).

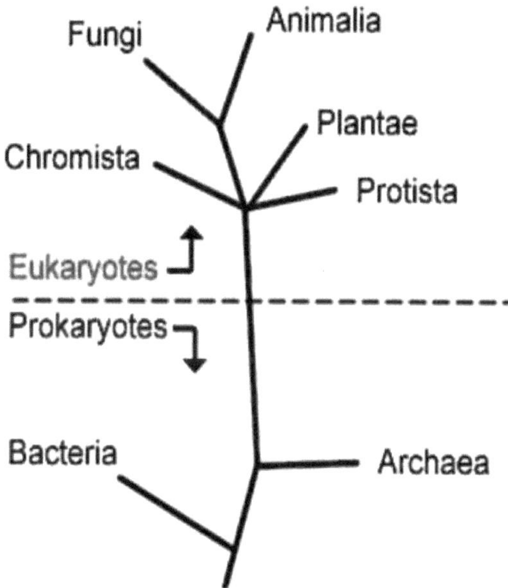

Figura 2: Sistema de sete reinos de organismos baseado nas suas diferenças genéticas e bioquímicas: **1-Archaea** são procariotas unicelulares com lípidos na membrana. **2-Bactérias**: procariotas unicelulares, apresentam uma diversidade morfológica e metabólica notável. **3 Protozoários:** Eucariotas unicelulares (amebas, ciliados e esporos) ***4-Chromista***: Eucariotas unicelulares ou multicelulares, (algas castanhas e oomicetas). ***5-Plantas***: eucariotas multicelulares, fotossintéticos (plantas, algas verdes e briófitas) ***6-Fungos***: organismos eucariotas heterotróficos, incluindo fungos, leveduras e organismos semelhantes a bolores.

4.4. Sistema de classificação com árvore Domínio

O microbiologista americano Carl Woese e os seus colaboradores propõem um novo sistema para classificar os organismos em três domínios distintos: ***Archaea, Bacteria***, e ***Eukaryotes*** (Figura 3), baseado principalmente numa análise comparativa das sequências ribossómicas 16S/18S ARN, afasta-se do modelo tradicional que divide os organismos em duas regiões (procariotas e eucariotas) (Woese et al., 1990). Este sistema reflecte as diferenças evolutivas fundamentais entre estes três grandes grupos de seres vivos, que foram identificadas através de análises moleculares (Pace, 1997). Influenciou profundamente a taxonomia e a compreensão da evolução dos organismos.

Em contraste com o modelo convencional que categoriza os organismos em dois tipos: procariotas e eucariotas, este novo sistema, criado pelo microbiologista americano Carl Woese e seus colegas, divide-os em três domínios distintos: Archaea, Bacteria e Eukaryotes, utilizando uma análise comparativa das sequências ribossómicas 16S/18S ARN (Woese et al., 1990). Tal como determinado pela análise molecular, este sistema reflecte as distinções evolutivas fundamentais entre estas três categorias principais de vida (Pace, 1997). O seu impacto na taxonomia e na compreensão da evolução dos organismos foi profundo.

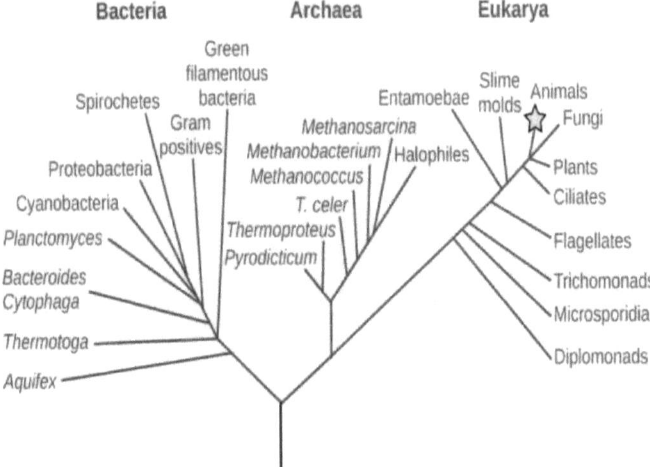

Figura 3: A filogenia universal baseia-se na análise das sequências ribossómicas ARN 16S/18S, que foi proposta por Carl Woese e outros colaboradores (Woese et al., 1990)

CAPÍTULO II

Taxonomia polifásica: abordagem atual do Manual de Sistemática de Bergey Manual of Systematic Bacteriologia Sistemática de Bergey (2ª edição)

1. -Visão geral do Manual de Bacteriologia Sistemática de Bergey

O Manual de Bacteriologia Sistemática de Bergey é uma referência taxonómica importante para a classificação e descrição de *Bacteria* e *Archaea*. A segunda edição, publicada entre 2001 e 2012, foi significativamente actualizada em comparação com a primeira. Esta edição adopta uma abordagem polifásica, integrando uma vasta gama de propriedades fenotípicas (morfologia celular, coloração de Gram, mobilidade, formação de esporos e propriedades fisiológicas e bioquímicas), taxonómicas químicas (composição da parede celular: Tipo de peptidoglicano, lípidos, ácidos gordos, quinonas), caraterísticas ecológicas (Habitats e ecologia, Interações simbióticas ou patogénicas), genéticas e genómicas (análise de sequências do gene 16S rRNA para relações evolutivas, Genética e genómica, etc.) para classificar procariotas (Whitman, 2015; Oren e Garrity, 2014). Os parâmetros incluem morfologia celular, propriedades fisiológicas e bioquímicas, composição da parede celular, perfis de ácidos gordos, conteúdo de DNA G+C, análise da sequência de 16S rRNA e dados genómicos (Parte et al., 2020; Oren & Garrity, 2021).

Esta abordagem polifásica permite uma classificação mais robusta e fiável de bactérias e archaea, considerando os seus múltiplos aspetos (Whitman et al., 2018; Oren & Arbel-Goren, 2019). O guia descreve os diferentes taxa, da espécie ao domínio, com informações sobre a sua morfologia, fisiologia, ecologia e evolução (Parte, 2018; Parte et al., 2020).

2. Cinco volumes importantes do Manual de Bergey

A segunda edição do manual de Berge é mais diferente da primeira edição, utilizando análises filogénicas. Não inclui todos os procariotas de importância clínica, como a primeira edição. As espécies patogénicas são colocadas filogeneticamente nos volumes publicados. A 2ª edição do Manual de Bergey está organizada em cinco volumes, cada um concentrado em vários grupos de procariotas (quadro 5).

Quadro 5: Descrição e caraterização dos cinco volumes do Manual de Bergey

Volume e título	Caracterização	Exemplo de grupos
Volume 1: As *Archaea* e as Bactérias Profundamente Ramificadas e Fototróficas	Coberturas a taxonómico classificação e biologia de Archaea e dos primeiros filos bacterianos ramificados, incluindo os fototróficos.	***Archaea*** (*Crenarchaeota, Euryarchaeota*) **Bactérias** profundamente **ramificadas** (por exemplo, *Aquificae, Thermotogae*) **Bactérias fototróficas** (*Cianobactérias, Chloroflexi*)
Volume 2: As *Proteobactérias*	Descreve o maior e mais diversificado filo bacteriano, as Proteobactérias, que inclui muitas clinicamente e ambiental importante grupos.	***Alfa-proteobactérias*** (*Rhizobiales, Caulobacterales)* ***Beta-proteobactérias*** (*Burkholderiales, Neisseriales)* ***Gama-proteobactérias*** (*Enterobacterales, Pseudomonadales*)

Tabela 5: Descrição e caraterização dos cinco volumes do Manual de Bergey (continuação)

Volume e título	Caracterização	Exemplo de grupos
Volume 2: **As Firmicutes**	Abrange o filo Firmicutes, que inclui importantes Bactérias Gram-positivas, tais como dos grupos *Bacillus, Clostridium* e Lactobacillus.	*Bacilos* (*Bacillales, Lactobacillales*) *Clostridia* (*Clostridiales, Negativicutes Thermoanaerobacterales*)
Volume 4 Os Bacteroidetes, *Spirochaetes, Tenericutes (Mollicutes),*	Abrange uma gama diversificada de filos bacterianos, incluindo os Bacteroidetes, Spirochaetes,	Bacteroidetes (*Bacteroidales, Flavobacteriales*) Spirochaetes (*Spirochaetales*)

	Acidobacteria, Fibrobacteres, Fusobacteria,Dictyoglomi, Gemmatimonadetes, Lentisphaerae, Verrucomicrobia, Chlamydiae e Planctomycetes Tenericutes, e vários outros grupos menos conhecidos.	Tenericutes (*Mycoplasmatales, Acholeplasmatales*)
Volume 5	Centra-se nas *Actinobactérias* filo, que inclui muitos **As *Actinobactérias*** importantes bactérias do solo, bem como como géneros clinicamente relevantes, como *Mycobacterium* e *Streptomyces.*	*Actinobacteria Actinomycetales, Bifidobacteriales*) *Acidimicrobiia* (*Acidimicrobiales*) *Coriobactérias* (por exemplo, *Coriobacteriales*)

3. Abordagem moderna da taxonomia (Taxonomia Polifásica)

3.1. Definição

A taxonomia bacteriana moderna adopta uma abordagem multifásica, que combina diversas fontes de informação para classificar e identificar bactérias de forma fiável (Oren & Garrity, 2014; Whitman, 2015). Utiliza dados fenotípicos, ambientais e fisiológicos, marcadores taxonómicos químicos e dados genéticos, bem como dados filogenéticos e evolutivos. A taxonomia bacteriana moderna adopta uma abordagem multifásica, combinando diversas fontes de informação para classificar e identificar bactérias de forma fiável (Oren & Garrity, 2014; Whitman, 2015). Combina múltiplas linhas de evidência, incluindo marcadores taxonómicos fenotípicos, ambientais e fisiológicos, químicos e genéticos, bem como dados filogenéticos e evolutivos, para obter uma classificação taxonómica abrangente e robusta. Inclui caraterísticas morfológicas e fisiológicas tradicionais, bem como técnicas moleculares e genómicas modernas.

3.2. - Taxonomia fenotípica (taxonomia numérica)

A classificação fenotípica estuda as caraterísticas observáveis das bactérias, tais como a sua morfologia e propriedades fisiológicas e bioquímicas. Estas caraterísticas são utilizadas para a identificação de rotina e fornecem informações filogenéticas. Utiliza um pequeno número de caracteres essenciais, como a morfologia, a demonstração de um carácter bioquímico e o habitat. No entanto, reflecte apenas uma quantidade reduzida de informação; as caraterísticas importantes são subjectivas e dependem das condições ambientais (Vandamme & Peeters, 2014; Konstantinidis et al., 2017).

3.2.1. Caracteres morfológicos

Os caracteres morfológicos desempenham um papel essencial na classificação e identificação de microrganismos A observação e análise da morfologia celular constitui uma ferramenta valiosa, especialmente para organismos mais complexos, como bactérias filamentosas ou protistas (Durkin et al., 2006; Madigan et al., 2015). Além disso, desempenham um papel essencial na taxonomia microbiana por várias razões importantes (Chun e Rainey, 2014; Rosselló-Móra e Amann, 2015).

1 - Facilidade de observação e análise: A morfologia celular é relativamente simples, especialmente nos microrganismos eucariotas e nas bactérias/arcas mais complexas. Além disso, as técnicas de microscopia ótica e eletrónica permitem observar em pormenor a forma, o tamanho e a disposição das células microbianas.

2 - Relevância taxonómica: A morfologia celular reflecte frequentemente diferenças fundamentais na estrutura e fisiologia dos microrganismos. Estes caracteres morfológicos constituem, por conseguinte, marcadores taxonómicos relevantes para a discriminação de grandes grupos microbianos.

3-Identificação rápida: A observação da morfologia celular permite uma identificação rápida e preliminar dos microrganismos. Isto é particularmente útil para micróbios que são difíceis de cultivar no laboratório.

4-Ligação com a filogenia: Alguns traços morfológicos podem ser conservados durante a evolução e refletir relações filogenéticas. Por conseguinte, fornecem informações sobre a história evolutiva dos microrganismos.

Assim, apesar dos limites da abordagem fenotípica por si só, a análise morfológica continua a ser uma ferramenta essencial na taxonomia microbiana moderna, para além dos dados genómicos e moleculares. Ela permite caraterizar com mais precisão a diversidade dos microrganismos mais complexos, como bactérias filamentosas, archaea termofílicas (Chun e Rainey, 2014; Utcliffe, 2015).

Embora a classificação fenotípica tenha sido durante muito tempo a abordagem principal, tem algumas limitações, incluindo a) variação fenotípica dentro da mesma espécie, b) proximidade evolutiva que pode mascarar relações e 3) dificuldade em classificar alguns microrganismos que são difíceis de cultivar. Por estas razões, a taxonomia bacteriana moderna incorpora agora outros tipos de dados, como os marcadores genéticos e a filogenia, para obter uma classificação mais robusta e fiável. (Whitman, 2015; Konstantinidis et al., 2017).

Os caracteres morfológicos mais utilizados na identificação de microrganismos são apresentados em

Tabela 6.

Tabela 6: Principais caracteres morfológicos utilizados na classificação e identificação de microrganismos.

Morfológico Carácter	Descrição	Importância na taxonomia
Forma da célula	Cocos (esféricos), Bacilos (em forma de bastonete), Espirilos (em espiral), Filamentosos, Irregulares	Fornece informações sobre o sistema celular básico e pode ajudar a diferenciar os principais grupos bacterianos.
Célula acordo	Inclui células individuais, pares, cadeias, agrupamentos, e	Reflecte o modo de divisão celular e pode ser útil para identificar certos géneros de bactérias.
Tamanho da célula	Diâmetro ou comprimento de células (em µm)	Pode ser uma caraterística distintiva entre taxa relacionados e ajudam a identificar microrganismos específicos.
Estrutura da parede celular	Gram-positivo, Gram-negativo, presença de bainhas,	Fornece informações sobre a composição do invólucro celular e é uma caraterística fundamental para a classificação bacteriana.
Formação de esporos	Capacidade de formar endosporos	Indica a presença de certos géneros de bactérias, como *Bacillus* e *Clostridium*, e a sua capacidade

		de sobreviver a condições ambientais adversas.
Motilidade	Presença e tipo de flagelos ou outras estruturas de motilidade	Pode ser uma caraterística distintiva de certas bactérias grupos e fornece informações sobre o seu estilo de vida e funções ecológicas.
Pigmentação	Produção de vários pigmentos	Pode ser uma caraterística útil para a identificação de microrganismos microrganismos específicos, nomeadamente bactérias fotossintéticas e alguns fungos.
Filamentoso Crescimento	Presença de longa duração, filamentos ramificados	Caraterística de certas bactérias (e.g, actinomicetos) e fungos, e pode fornecer informações sobre os seus nichos ecológicos e fisiologia.
Inclusões celulares	Grânulos de armazenamento, vesículas de gás, etc.	Podem ser caraterísticas de diagnóstico para a identificação de grupos microbianos específicos e as suas adaptações a vários ambientes

3.2.2. -Caraterísticas fisiológicas e metabólicas

A análise destas caraterísticas funcionais fornece informações complementares aos caracteres morfológicos e genéticos, à sua adaptação a diferentes ambientes e às suas interações ecológicas. Além disso, o estudo das condições óptimas de crescimento, como a temperatura, o pH ou a salinidade, permite distinguir grandes grupos microbianos, como os psicrófilos, os termófilos ou os halófilos (Whitman, 2015; Oren e Garrity, 2021). Estas adaptações fisiológicas reflectem frequentemente diferenças fundamentais na fisiologia celular e no ambiente. Além disso, o exame das vias metabólicas, a utilização de fontes de carbono e energia e a produção de enzimas e metabólitos secundários fornecem pistas valiosas sobre as capacidades funcionais dos microrganismos (Whitman et al., 2018; Oren & Arbel-Goren, 2019). Estas caraterísticas metabólicas são particularmente úteis para identificar espécies microbianas.

Assim, o estudo das propriedades fisiológicas e metabólicas é cada vez mais importante, especialmente para caraterizar microrganismos difíceis de cultivar ou identificar por métodos moleculares clássicos (Whitman, 2015). Contribui para uma melhor compreensão da diversidade, da ecologia e da evolução do mundo microbiano.

Por outro lado, estas caraterísticas fisiológicas e metabólicas e as caraterísticas morfológicas fornecem um conjunto de dados abrangente para classificar e identificar microrganismos. Além disso, podem ser benéficos para distinguir entre taxa estreitamente relacionados e compreender as adaptações ecológicas e os papéis funcionais de diferentes grupos microbianos (Chun & Rainey 2014; Vandamme & Peeters, 2014).

No caso de estirpes bacterianas isoladas de doentes hospitalizados, caracterizadas por um crescimento rápido, a sua identificação deve ser rápida para financiar um tratamento adequado. O método de identificação mais preferido nestes casos é a identificação bioquímica através das galerias API da Biomerieux, incluindo API 20E para a identificação de *Enterobacteriaceae* e outros bacilos Gram-negativos não fastidiosos, API 20NE: para a identificação de bacilos Gram-negativos não fastidiosos, não enterobactérias, Staph API para a identificação de estafilococos, Coryne API para a identificação de corinebactérias, API 20 Strep para a identificação de estreptococos, API Candida: para a identificação de leveduras do género *Candida*.

O perfil bioquímico resultante é interpretado através de códigos numéricos e depois comparado com uma base de dados para identificação ao nível do género e da espécie de bactérias. No entanto, esta classificação limita-se a identificar determinadas estirpes específicas e a taxa de erro das galerias varia entre 5 e 20%, consoante as galerias consideradas. Além disso, os sistemas de identificação são fechados, com bases de dados limitadas e necessitam de atualização. As novas espécies estão ausentes da base de dados das galerias.

As principais caraterísticas fisiológicas e metabólicas utilizadas na classificação e identificação de microrganismos são apresentadas no Quadro 7.

Quadro 7: Caraterísticas fisiológicas e metabólicas utilizadas na classificação e identificação de microrganismos (Holt, 1994)

Fisiológico/ Metabólico Caraterística	**Descrição**	**Importância na taxonomia**
Temperatura Gama	Psicrófilos, mesófilos, termófilos, etc.	Indica o intervalo ótimo de temperatura de crescimento e pode ser um diagnóstico para grupos microbianos.
Gama de pH	Acidófilos, neutrófilos, alcalifilos, etc.	Fornece informações sobre a tolerância do organismo a diferentes condições de pH e pode ajudar a diferenciar os taxa.
Oxigénio Requisitos	Aeróbios, anaeróbios, anaeróbios facultativos	Reflecte as adaptações do organismo a diferentes níveis de oxigénio e é uma caraterística fundamental para a classificação das bactérias.
Nutriente Requisitos	Autótrofos, heterótrofos, mixótrofos	Indica as fontes de carbono e energia do organismo e pode ser útil para a identificação e classificação ecológica.
Substrato Utilização	Hidratos de carbono, lípidos, proteínas, etc.	Fornece informações sobre as capacidades metabólicas do organismo e pode ser utilizado para a diferenciação entre taxa relacionados.
Enzima Produção	Hidrolíticas enzimas, enzimas oxidativas, et	Podem ser caraterísticas de diagnóstico de certos grupos microbianos e dos seus papéis ecológicos.
Pigmento Produção	Carotenóides, melaninas, clorofilas, etc.	Pode ser uma caraterística distintiva das bactérias fotossintéticas, de certos fungos e de outros microrganismos produtores de pigmentos.
Antibiótico Suscetibilidade	Resistência ou sensibilidade a vários antibióticos	Pode ser um marcador útil para a identificação de estirpes microbianas específicas e para compreender as suas adaptações ecológicas.
Toxina Produção	Exotoxinas, endotoxinas, etc.	Pode ser uma caraterística de microrganismos patogénicos e é importante para a identificação e diagnóstico clínicos.
Deteção de	Produção de moléculas de	Reflecte a capacidade do organismo para

quorum	sinalização	coordenar comportamentos de uma forma dependente da população e

pode ser uma caraterística relevante para alguns taxa microbianos.

3.2.3. Caracterizações ecológicas

Para além das caraterísticas morfológicas, fisiológicas e metabólicas convencionais, a taxonomia microbiana atual atribui cada vez mais importância às caracterizações ecológicas. Isto inclui o exame das interações entre microrganismos, as suas reacções às pressões ambientais e o seu significado funcional nos ecossistemas. Essas informações ecológicas são de grande valor para ajudar a classificar e identificar microrganismos (ver tabela 8), Amaral-Zettler et al., 2017; Fierer et al., 2021). Além disso, as caraterísticas ecológicas das populações microbianas, como a sua sensibilidade à contaminação ou a adaptação a condições extremas, podem ser utilizadas para as distinguir em condições específicas (Barberán et al., 2014). Estas caraterísticas representam frequentemente distinções genéticas e evolutivas fundamentais. Para além disso, esta informação ecológica contida nas metodologias convencionais melhora a categorização global dos microrganismos ao considerar a dinâmica complexa que ocorre nos ecossistemas (Barberán et al., 2016).

Tabela 8: algumas caraterísticas ecológicas utilizadas na classificação e identificação de microrganismos (Medini et al., 2008; Cavicchioli, 2011; Konstantinidis et al., 2017)

Ecológico Caraterística	Descrição	Importância na taxonomia
Habitat	Aquático (marinho, água doce), terrestre, associado ao hospedeiro (pele)	Fornece informações sobre o ambiente de vida preferido do organismo e pode ser utilizado para diferenciar entre grupos microbianos adaptados a diferentes nichos ecológicos.
Nível trófico	Autótrofos, heterótrofos, mixótrofos	Indica o papel do organismo no ecossistema, como produtor primário, decompositor ou simbionte, e pode ser uma caraterística distintiva.
Metabólico Capacidades	Aeróbio, anaeróbio, quimiotrófico, fototrófico, etc.	Reflecte as adaptações do organismo a diferentes fontes de energia e condições redox, que podem ser relevantes para a classificação ecológica.
Simbiótico Relações	Mutualismo, comensalismo, parasitismo	Pode ser uma caraterística de certos grupos microbianos, como as bactérias fixadoras de azoto ou os microrganismos patogénicos,
Biogeografia	Cosmopolita, , termófilo, psicrófilo, etc.	Indica a distribuição geográfica do organismo e as suas adaptações a condições ambientais específicas, úteis para a colocação taxonómica.
Bioremediação Potencial	Capacidade de degradar ou transformar os poluentes	Pode ser uma caraterística relevante para a classificação de microrganismos com aplicações em biotecnologia ambiental.
Biotecnológico Aplicações	Produção de enzimas, biocombustíveis, antibióticos, etc.	Fornece informações sobre o potencial do organismo para utilização industrial e comercial, o que pode ser uma caraterística taxonomicamente relevante.
Patogenicidade	Capacidade de causar	Pode ser uma caraterística distintiva para a

	doenças nos hospedeiros	identificação de microrganismos clinicamente relevantes, tais como agentes patogénicos bacterianos e fúngicos.

3.2.4. Caraterísticas serológicas

As caraterísticas serológicas também desempenham um papel importante na classificação e identificação de microrganismos. A análise dos antigénios de superfície e das reacções imunitárias fornece informações complementares a outras abordagens taxonómicas (Janda & Abbott, 2007; Bottone, 2015). Alguns antigénios celulares, lipopolissacáridos, proteínas de superfície ou componentes da parede celular, podem ser utilizados como marcadores serológicos para diferenciar populações microbianas. Por exemplo, os serótipos *de Salmonella* são determinados pela composição antigénica da sua superfície (Logan e de Vos, 2009; Reissbrodt, 2004). Além disso, os testes serológicos, como as técnicas de aglutinação ou de imunofluorescência, podem detetar reactividades cruzadas entre antigénios microbianos e anticorpos específicos. Estes perfis de reatividade serológica fornecem informações sobre associações evolutivas e relações entre espécies (Janda & Abbott, 2007). No entanto, os dados serológicos devem ser interpretados com cautela, uma vez que as reacções cruzadas podem, por vezes, ocultar diferenças subtis entre espécies ou estirpes microbianas específicas. Por conseguinte, a sua utilização deve ser combinada com outros métodos de classificação (Logan & De Vos, 2009). Assim, a integração de caraterísticas serológicas, bem como de análises morfológicas, fisiológicas, genéticas e ambientais, contribui para uma classificação microbiana mais robusta e fiável (Janda & Abbott, 2007; Bottone, 2015).

Quadro 9: algumas caraterísticas serológicas frequentemente utilizadas na taxonomia bacteriana, juntamente com exemplos

Serológico Caraterística	**Descrição**	**Exemplo**
Serotipagem Grimont, & Weill, 2007).	Determinação de antigénios específicos na superfície das bactérias para as classificar em diferentes serotipos ou serovares	*Escherichia coli:* O157:H7
Aglutinação Cheesbrough, 2006)	Aglomeração de bactérias quando expostas a anticorpos específicos ou antissoro, ajudando na identificação e classificação	*Salmonella enterica* Typhi
Western Blotting (Harlow e Lane, 1988)	Deteção e caraterização de proteínas bacterianas utilizando anticorpos específicos para identificar padrões proteicos únicos	Proteína de flagelo *de Borrelia burgdorferi* (p41)
Ligado a enzimas Mégraud & Lehours, 2007).	Deteção de antigénios ou anticorpos bacterianos específicos utilizando	*Helicobacter pylori:* Deteção de H. pylori
Ensaio de Imunossorvente (ELISA) Crowther, 2000	anticorpos ou antigénios ligados a enzimas para classificação e identificação	antigénios utilizando ELISA

Serológico Caraterística	**Descrição**	**Exemplo**
Coaglutinação	Reação de aglutinação entre as bactérias e	*S.aureus* : Deteção da

(Facklam, 2002)	partículas específicas revestidas com anticorpos, ajudando na identificação e diferenciação	coagulase através do teste de coaglutinação
Ouchterlony Doub (Duthie et al., 2011)	Análise das interações antigénio-anticorpo através de	*Bordetella pertussis* Análise da tosse convulsa
Aglutinação em látex Mackie et al., 1996)	Deteção de antigénios bacterianos específicos através de reacções de aglutinação utilizando partículas de látex revestidas com anticorpos	*S.pneumoniae:* Deteção de antigénios pneumocócicos utilizando o teste de aglutinação em látex

3.2.5. -Chimiotaxonomia

A quimiotaxonomia desempenha um papel cada vez mais importante na taxonomia microbiana moderna, que estuda a composição química dos microrganismos. Consiste na análise de lípidos, ácidos gordos, pigmentos, açúcares e outros componentes celulares que fornecem marcadores químicos que podem ser utilizados para diferenciar e classificar grupos microbianos (Tyndall et al., 2010; Stackebrandt & Schumann, 2014). Os perfis de ácidos gordos das membranas são ferramentas poderosas para identificar e caraterizar as bactérias. Algumas assinaturas lipídicas são específicas de grupos taxonómicos (Kämpfer & Glaeser, 2019). Por exemplo, quinonas, menaquinonas e lipoquinonas foram importantes para distinguir arquéias e bactérias. Estes compostos nas cadeias de transporte de electrões reflectem diferenças fundamentais na fisiologia celular (Stackebrandt & Schumann, 2014). Além disso, os dados da taxonomia química oferecem uma compreensão suplementar para além das caraterísticas morfológicas, genéticas e metabólicas convencionalmente utilizadas. No entanto, a precisão dos perfis químicos microbianos foi consideravelmente melhorada pelo desenvolvimento de técnicas analíticas inovadoras, como a espetrometria de massa. Isto levou a um aumento das classificações químicas utilizadas na classificação de bactérias e archaea (Kampfer & Glaeser, 2019).

Parede celular Componente	**Marcadores químicos**	**Importância taxonómica**
Peptidoglicano Analisado por HPLC ou GC-MS	- Composição douropeptídeo (por-exemplo, aminoácidos, açúcares) - Grau de reticulação - Presença de modificações estruturais específicas	Distingue entre bactérias Gram-positivas e Gram-negativas Fornece informações sobre as relações filogenéticas dentro dos grupos bacterianos
Ácidos teicóicos Analisado por GC-MS ou HPLC- SM	- Ácidos teicóicos da parede - Ácidos lipoteicóicos - Composição e estrutura dos polímeros	- Caraterística das bactérias Gram-positivas - As diferenças na composição do ácido teicóico podem diferenciar géneros e espécies bacterianas
Ácidos micólicos Analisado por GC-MS HPLC	- Estrutura e comprimento da cadeia dos ácidos gordos hidroxilados de cadeia longa	- Marcador de diagnóstico para o filo Actinobacteria, *Corynebacteriales (eMycobacterium* ,Corynebacterium)
Glicopeptídeos	- Composição e estrutura	- Encontrado nas paredes celulares de

Analisado por HPLC-SM	dos péptidos glicosilados	certas bactérias Gram-positivas, como *Actinomyces, Bifidobacterium*, etc.
Lipopolissacáridos (LPS) Analisado por HPLC, NMR	- Polissacárido O-antigénio - Oligossacárido central - Lípido A	- Caraterística das bactérias Gram-negativas - As diferenças na estrutura dos LPS podem diferenciar géneros e espécies bacterianas
Arabinogalactanas Analisado por HPLC-MS	- Composição e estrutura do polissacárido	- Presente nas paredes celulares de algumas *Actinobactérias*, como a *Mycobacterium*

HPLC: Cromatografia Líquida de Alta Eficiência; GC-MS: Cromatografia Gasosa-Espectrometria de Massa; NMR: Espectroscopia de Ressonância Magnética Nuclear; MS: Espectrometria de Massa

Para a identificação e classificação de muitos géneros e espécies microbianos, bem como para compreender melhor as suas relações e adaptações evolutivas, a análise destes componentes da parede celular e dos seus marcadores químicos associados fornece informações taxonómicas essenciais (Stackebrandt & Schumann, 2014).

A utilização de marcadores quimiotaxonómicos para a identificação e classificação de algumas *Actinobactérias* é apresentada no quadro 11.

Quadro 11: marcadores quimiotaxonómicos para a identificação e classificação de algumas *Actinobactérias* (Stackebrandt et al., 1997; Goodfellow & Fiedler, 2010; Gao e Gupta, 2012).

Género de Actinobactérias	Composição da parede celular	Composição lipídica	Outros marcadores
Mycobacterium	- Ácidos micólicos - Arabinogalactano	- Matérias gordas ramificadas, saturadas e hidroxiladas	- Pigmentos carotenóides - Trealose
Corynebacterium	- Ácidos micólicos Arabinogalactano	- Ácidos gordos ramificados, saturados e hidroxilados Menaquinonas	- Pigmentos carotenóides - Trealose
Nocardia	- Ácidos micólicos	- Ácidos gordos ramificados, saturados e hidroxilados Menaquinonas	- Pigmentos carotenóides
Streptomyces	- ácido meso-diamino-pimélico	- Ácidos gordos ramificados, saturados e hidroxilados - Menaquinonas	- Produção de metabolitos secundários
Frankia	- ácido meso-diamino-pimélico	- Ácidos gordos ramificados, saturados e hidroxilados - Menaquinonas	- Fixação do azoto
Micrococcus	- meso-Ácido diaminopimélico no peptidoglicano	- Ácidos gordos ramificados, saturados e hidroxilados - Menaquinonas	- Pigmentos carotenóides
Arthrobacter	- meso-Ácido diaminopimélico no peptidoglicano	- Ácidos gordos ramificados, saturados e hidroxilados - Menaquinonas	- Pigmento carotenoide

3.2.6. - Classificação numérica

A classificação numérica, também designada classificação numérica ou fenotípica, é uma abordagem à classificação microbiana baseada na análise estatística das caraterísticas fenotípicas dos microrganismos. Consiste em: "Agrupar organismos em taxa com base nas suas semelhanças gerais, utilizando técnicas estatísticas para analisar um grande número de caraterísticas objetivamente mensuráveis." (Snaith e Sokal,1973).

As caraterísticas retidas são consideradas de igual valor. São quantificadas numericamente para estabelecer distâncias taxonómicas que reflectem tanto a semelhança como as relações de ascendência evolutiva entre os organismos confrontados. A quantificação binária (0 ou 1, ou seja, ausência ou presença) das semelhanças e das diferenças permite então caraterizar os taxa por um coeficiente de semelhança, calculado de várias maneiras, em função da escolha dos caracteres selecionados e da codificação e tratamento aplicados aos dados recolhidos.

As principais etapas da classificação numérica dos microrganismos são as seguintes: (Medini et al., 2008; Tindall et al., 2010; Legendre & Legendre, 2012)

1-Colheita de dados e preparação de amostras: isolamento de estirpes microbianas, medição de caraterísticas fenotípicas (morfológicas, fisiológicas, bioquímicas), e **2-Codificação de dados:** Transformação dos caracteres em dados numéricos.

3-Análise de semelhança: Cálculo dos coeficientes de semelhança entre estirpes e escolha de coeficientes adaptados ao tipo de dados (binários, quantitativos, etc.) **4-Agrupamento (clustering):** Aplicação de algoritmos de classificação numérica (simples, ligações completas, Ward, etc.) e construção de dendrogramas representando as semelhanças entre estirpes **6.Identificação de grupos taxonómicos:** Definição de unidades taxonómicas operacionais (OTUs) com base nos níveis de semelhança e comparação com estirpes de referência para a designação das espécies. **6-Validação e interpretação:** Avaliação da robustez dos grupos formados (análise de variância, índice de Jaccard, etc.) e interpretação biológica dos resultados em relação às caraterísticas fenotípicas.

Os resultados da classificação são geralmente do tipo hierárquico ascendente, com base numa semelhança geral avaliada pela comparação de muitas caraterísticas, cada uma com o mesmo peso. Os microrganismos são então reunidos em vários grupos de "Custers" ou subgrupos de "sub-clusters" de acordo com as semelhanças definidas por um índice de semelhança.

As mais utilizadas em Microbiologia são as de Sokal e Michener e Jaccard.

1-Coeficiente deokal e Michener (Simple Matching Coefficient):

Considera tanto a presença como a ausência de caraterísticas na comparação entre pares de estirpes.

Fórmula: $S = (a + d) / (a + b + c + d)$

Onde: **a** = número de caracteres presentes em ambas as estirpes; **b** = número de caracteres presentes na primeira estirpe mas ausentes na segunda; **c** = número de caracteres presentes na segunda estirpe mas ausentes na primeira; **d** = número de caracteres ausentes em ambas as estirpes

2-Coeficiente de Jacard:

Ao contrário do coeficiente de Sokal e Michener, o coeficiente de Jaccard considera apenas a presença de caracteres, ignorando a ausência de caracteres.

Fórmula: $J = a / (a + b + c)$

Onde a = número de caracteres presentes em ambas as estirpes. b = número de caracteres presentes na primeira estirpe mas ausentes na segunda; c = número de caracteres presentes na segunda estirpe mas ausentes na primeira.

A principal diferença é que o **coeficiente de Sokal e Michener** dá igual importância à presença e ausência de caracteres, enquanto o coeficiente de Jaccard se concentra apenas nos caracteres partilhados. A escolha entre estes dois coeficientes depende do tipo de dados e do objetivo taxonómico. **O coeficiente de Jaccard** é frequentemente preferido quando a ausência de caracteres não é considerada uma semelhança relevante. A sua utilização conjunta pode também fornecer informações adicionais. O número de caracteres retidos deve ser significativo (Legendre e Legendre, 2012).

Na prática, o número de testes comparados situa-se entre 30 e 300 caracteres que podem ser de natureza diversa: parâmetros genómicos, caracteres fenéticos clássicos (morfologia, fisiologia, estrutura, metabolismo), componentes químicos (peptidoglicano, LPS, etc.). Os resultados dos estudos taxonómicos numéricos são geralmente apresentados sob a forma de um diagrama em árvore denominado dendrograma, que mostra as relações entre as unidades taxonómicas operacionais (OTU) com base na sua semelhança global. Os organismos com maior semelhança são agrupados em grupos denominados "fenões", que podem ser espécies, géneros, etc. na taxonomia numérica (Tindall et al., 2010; Legendre e Legendre, 2012).

É geralmente aceite que um nível de similaridade (grupos de OTUs semelhantes) superior a 80% pertencem à mesma espécie (índice de Sokal e Michener). Relativamente ao índice de Jaccard, aqueles acima de 70% pertencem ao mesmo tipo.

Por exemplo, a morfologia e as caraterísticas fisiológicas de quatro isolados (Ag12, Ag13, Ag32 e Ag20) analisadas pelo coeficiente de Sokal e Michener indicaram que estes isolados pertencem ao género *Bacillus,* e pareciam estar intimamente relacionados com *B. pumilis.* Apresentaram um nível de similaridade acima de 80%, indicando que pertencem à mesma espécie, *B. pumilis* (Figura 4).

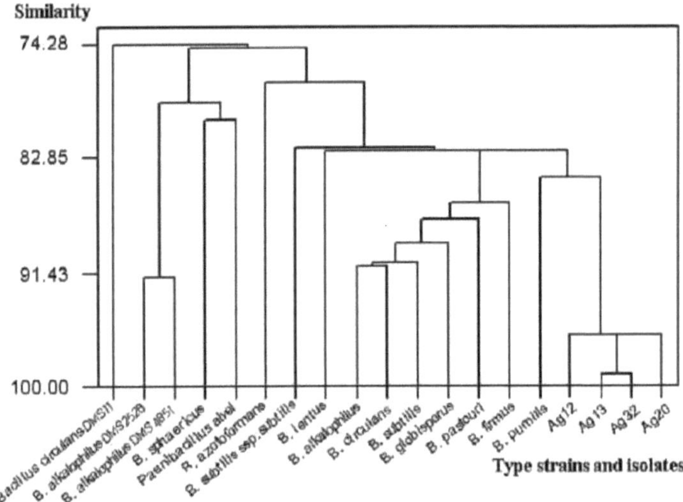

Figura 4: Dendrograma que ilustra as relações entre isolados específicos *de Bacillus* e estirpes-tipo de acordo com as suas caraterísticas fenotípicas (Azeri et al., 2010).

3.3. Taxonomia molecular

3.3.1. Introdução

A taxonomia molecular dos microrganismos desenvolveu-se consideravelmente nos últimos anos devido aos avanços nas técnicas de sequenciação genética e de análise filogenética. Esta abordagem baseia-se essencialmente na análise comparativa de sequências de genes de referência, como o 16S rRNA em bactérias e archaea e sequências de proteínas. Além disso, para reconstruir filogenias, podem ser utilizados diferentes genes e proteínas. Estas moléculas são designadas por marcadores filogenéticos. A sua escolha depende da taxa de mutação que pode ser mais ou menos elevada. Os genes com uma taxa de mutação baixa permitem aceder ao passado distante, enquanto os genes com taxas de mutação elevadas permitem o estudo de eventos de divergência próximos (Vandamme & Peeters, 2014; Yarza et al., 2014).

Além disso, a velocidade de evolução varia muito em função dos genes considerados. Essas diferenças de velocidade dependem da probabilidade de surgimento da mutação e de sua compatibilidade com a sobrevivência do organismo (Rossi-Tamisier et al., 2015; Chun & Rainey, 2014).

Por outro lado, esta abordagem molecular que combina as análises moleculares e fenotípicas é denominada "polifásica", proporcionando uma taxonomia mais robusta e fiável (Vandamme & Peeters, 2014). O armazenamento de dados moleculares em bases de dados internacionais, incluindo GenBank, EMBL e DDBJ, facilita a padronização da nomenclatura de acordo com o Código Internacional de Nomenclatura para Procariotas (Oren et al., 2015). A classificação molecular alterou, assim, a taxonomia microbiana, tornando-a mais objetiva e em conformidade com as relações filogenéticas entre os microrganismos.

Além disso, a velocidade de evolução varia muito em função dos genes considerados. Essas diferenças de velocidade dependem da probabilidade de surgimento da mutação e de sua compatibilidade com a sobrevivência do organismo (Chun & Rainey, 2014; Rossi-Tamisier et al., 2015).

Por outro lado, essa abordagem molecular que combina as análises moleculares e fenotípicas é chamada de "polifásica", proporcionando uma taxonomia mais robusta e confiável (Vandamme & Peeters, 2014). O armazenamento de dados moleculares em bancos de dados internacionais, incluindo GenBank, EMBL e DDBJ, facilita a padronização da nomenclatura de acordo com o Código Internacional de Nomenclatura para Procariotas (Oren et al., 2015). Assim, a classificação molecular mudou a taxonomia microbiana, tornando-a mais objetiva e aceitando as relações filogenéticas entre os microrganismos.

3.3.2. - Caraterísticas dos marcadores de cronómetros moleculares utilizados em taxonomia molecular Existem vários critérios para a escolha de cronómetros (ou marcadores) moleculares para a taxonomia microbiana. Os mais importantes são os seguintes:

a)-Função e conservação do gene:

Os genes utilizados como marcadores devem ser universais e conservados nos microrganismos estudados.

b)- Variabilidade das sequências:

O marcador molecular deve ser adequado à categoria taxonómica estudada. Uma região hipervariável é preferível quando se efectua a identificação ao nível da espécie. Pelo contrário, uma região mais conservada explica níveis taxonómicos mais elevados (por exemplo, família).

c)-Disponibilidade de sequências de referência:

É necessário ter muitas sequências de referência em bases de dados públicas como o GenBank, EMBL ou DDBJ.

d)-Simples de amplificar ou reproduzir:

O marcador molecular deve ser facilmente amplificável e sequenciável em diversos isolados.

h-Poder discriminatório:

Os taxa devem ser bem discriminantes ao nível taxonómico selecionado; geralmente, é apenas a este nível que a semelhança das sequências pode ser idealmente definida para diferenciar as espécies. **g)-Compatibilidade com outras abordagens taxonómicas:** O marcador molecular deve ser compatível com métodos de classificação fenotípicos, genómicos e similares.

Por essa razão, o gene 16S rRNA é o marcador molecular de referência mais utilizado na identificação e classificação filogenética de *Archaea* e *Bacteria* (Yarza et al., 2014). Ao alinhar e comparar essas sequências, é possível construir árvores filogenéticas com as relações evolutivas entre os microrganismos.

3.3.3. -Exemplo de marcadores moleculares utilizados em taxonomia molecular

Foram propostas várias moléculas como marcadores moleculares, cada uma fornecendo informações mais ou menos pertinentes consoante os grupos bacterianos estudados e os tipos de relações estudadas (antigas e recentes). A maior parte delas é apresentada no quadro 12.

Quadro 12: Exemplo de cronómetros moleculares de ácidos nucleicos utilizados em taxonomia molecular

Marcadores moleculares	Caracterização
RNA ribossómico 16S (rRNA) gene (Yarza et al., 2014)	O gene 16S rRNA é amplamente utilizado para a taxonomia bacteriana devido devido à sua presença em todas as bactérias e à sua taxa de evolução relativamente lenta. Regiões específicas da sequência do gene 16S rRNA são utilizadas para determinar as relações filogenéticas entre as bactérias.
Região ITS (Internal Transcribed Spacer) (Schoch et al., 2012)	A região ITS, que inclui o ITS1, o gene 5.8S rRNA e o ITS2, é normalmente utilizada para a taxonomia dos fungos. A região ITS apresenta um elevado grau de variação entre as espécies de fungos, o que a torna útil para a identificação ao nível das espécies.
Região D1/D2 do gene 26S rRNA (Kurtzman & Robnett, 1998).	A região D1/D2 do gene 26S rRNA é utilizada para a identificação e classificação de leveduras e outros fungos.
Gene da subunidade I da citocromo c oxidase (COI): (Hebert et al., 2003)	O gene COI, também conhecido como "código de barras do ADN", é amplamente utilizado para a identificação e classificação de espécies animais, incluindo alguns microorganismos como os protistas.
Gene da subunidade B da RNA polimerase (rpoB) (Mollet et al., 1997)	O gene rpoB é utilizado como marcador complementar do gene 16S rRNA na taxonomia bacteriana, particularmente para resolver relações entre espécies estreitamente relacionadas.
Fator de alongamento Tu (*tuf*) gene (Koseki et al., 2021)	O gene *tuf* é utilizado como um marcador alternativo para a deteção de bactérias taxonomia, especialmente para a identificação de espécies e análise filogenética de certos grupos de bactérias.
Gene da DNA girase subunidade B (*gyrB*): (Yamamoto & Harayama ,1995).	O gene gyrB é outro gene codificador de proteínas utilizado na taxonomia bacteriana, particularmente na resolução de relações entre espécies ou estirpes estreitamente relacionadas.
Tipagem de sequências multilocus (MLST) (Maidenet	O MLST envolve a sequenciação e análise de múltiplos genes de manutenção para determinar os perfis alélicos das estirpes

al., 1998)	bacterianas, o que pode facilitar a sua identificação e classificação

3.3.4. Sequências comparativas e análises filogénicas

A análise comparativa de sequências de marcadores moleculares, particularmente de genes que codificam o RNA ribossómico 16S, é essencial para a taxonomia microbiana moderna (Singer et al., 2016). O alinhamento e a comparação dessas sequências possibilitam a construção de árvores filogenéticas que refletem as relações evolutivas entre os microrganismos (Parks et al., 2018). As unidades taxonómicas são delineadas utilizando limiares de semelhança de sequências; para espécies bacterianas e arqueas, é frequentemente aceite um limiar de semelhança de 97% (Rosselló-Mora & Amann, 2001; Konstantinidis & Tiedje, 2005).

As unidades taxonómicas são delineadas utilizando limiares de semelhança das sequências; para as espécies bacterianas e arqueas, é frequentemente aceite um limiar de semelhança de 97% (Rosselló-Mora & Amann, 2001; Konstantinidis & Tiedje, 2005). No entanto, existe um debate contínuo sobre estes limiares, uma vez que muitos investigadores sugeriram valores mais precisos em função dos grupos taxonómicos (Stackebrandt & Goebel, 1994; Kim et al., 2014). Além disso, ao nível das espécies e dos géneros, a análise filogenómica que emprega a identidade média dos nucleótidos (ANI) ou conjuntos de genes centrais proporciona uma resolução taxonómica mais precisa (Chun et al., 2018; Konstantinidis et al., 2017).

Por conseguinte, as abordagens comparativas relacionadas com as sequências de nucleótidos são indispensáveis para estabelecer a taxonomia dos microrganismos de forma objetivamente consistente com as suas relações evolutivas (Kim et al., 2014; Parks et al., 2018).

Geralmente, aceita-se que, abaixo de 97% de homologia, duas bactérias não podem pertencer à mesma espécie. Assim, não é útil efetuar hibridações ADN/ADN abaixo deste limiar. Se a percentagem de homologia for > 97%, a colocação de duas estirpes na mesma espécie baseia-se nos resultados da hibridação ADN/ADN. No entanto, duas espécies podem ter sequências de 16S rRNA muito semelhantes e, ainda assim, serem muito diferentes através da hibridação ADN/ADN

Por exemplo, a espécie *Bacillus cereus* e a espécie *Bacillus anthracis* são duas bactérias do género *Bacillus* que apresentam uma semelhança muito elevada nas suas sequências de 16S rRNA, atingindo mais de 99% de identidade. No entanto, estas duas espécies são muito distintas geneticamente, como demonstram os valores de hibridação DNA-DNA, inferiores a 70%, indicando que se trata, de facto, de duas espécies diferentes (Daffonchio et al., 1998; Ash et al., 1991).

3.3.4.1. -Principais etapas das sequências comparativas de sequências de 16S rRNA e análise filogenética

As principais etapas da análise comparativa das sequências de 16S rRNA na taxonomia molecular e na análise filogénica são as seguintes:

Amplificação e sequenciação do a-16S rRNA:

-Extração do ADN total dos organismos estudados a partir de um isolado puro

-Amplificação do gene 16S rRNA por PCR utilizando primers universais.

-A sequência dos amplicões é obtida, geralmente por Sanger ou por sequenciação de nova geração.

b)-Restaurar as sequências de referência:

-Acesso a bases de dados disponíveis publicamente, como GenBank, RDP (Ribosomal Database Project),

-Recuperação de sequências de 16S rRNA de estirpes de referência representativas de diferentes taxa.

c)-Alinhamentos múltiplos de sequências:

-As sequências adquiridas devem ser alinhadas com sequências de referência utilizando ferramentas de bioinformática, incluindo MUSCLE, CLUSTAL ou Blast (https://blast.ncbi.nlm.nih.gov/Blast.cgi?PROGRAM=blastn&PAGE TYPE=BlastSearch&LIN K LOC=blasthome)

d)-Análise de semelhança de sequências:

-Calcular a percentagem de identidade de sequências entre diferentes organismos (Figura 4.1)

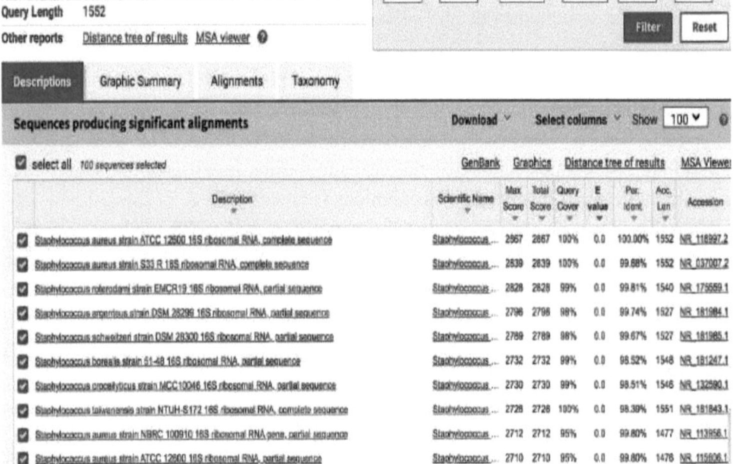

Figura 4.1: exemplo do resultado Blast do ARN ribossómico 16S da estirpe-tipo de *Staphylococcus aureus* ATCC 12600. *Outros tipos de estirpes apresentaram um elevado nível de semelhança (entre 98,52% e 99,81%), mas são validados como espécies diferentes de acordo com as experiências de hibridação AND/DNA (<70%).*

e)- Construção de árvores filogenéticas

As árvores filogenéticas são representações gráficas das relações evolutivas entre diferentes organismos ou grupos taxonómicos. São amplamente utilizadas na taxonomia moderna para compreender a história evolutiva da vida. São ilustradas sob a forma de diagramas ramificados que ligam os nós (figura X). Os nós representam unidades taxonómicas, como espécies ou genes; os nós externos na extremidade dos ramos representam organismos vivos (existentes). O comprimento dos ramos representa o número de alterações moleculares que ocorreram entre os dois nós.

Podem ser utilizados muitos programas informáticos para construir árvores filogenéticas, como o MEGA, PAUP, RAxML ou MrBayes, etc., utilizando modelos evolutivos e métodos adequados para a análise filogenética, como a máxima verosimilhança, a junção de vizinhos ou a inferência bayesiana (ver exemplo, Figura 5).

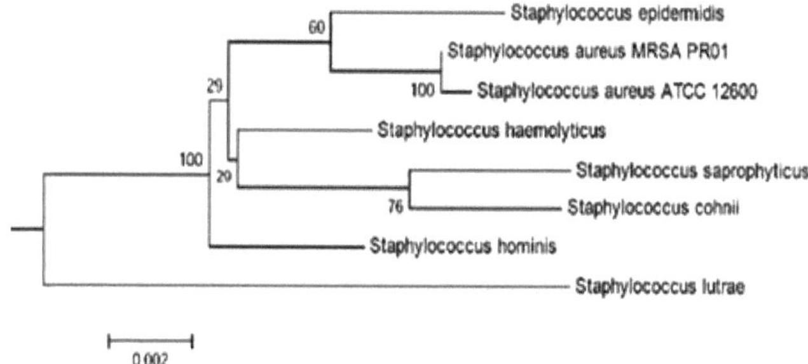

Figura 5; A árvore filogenética ilustra a classificação da estirpe PR01 *de Staphylococcus aureus* em relação a outras estirpes do mesmo tipo que pertencem à família *Staphylococcaceae* (Lee et al., 2014)

As estirpes e os respectivos números de acesso ao GenBank para os genes 16S rRNA são os seguintes ATCC 12600, L36472 para *S. aureus;* ATCC 15305, AP008934 para *S. saprophyticus*; ATCC 14990, D83363 para S. epidermidis; DSM 20328, X66101 para S. hominis; CCM2737, X66100 para *S. haemolyticus;* e ATCC 49330, AB009936 para *S. cohnii.* As sequências na árvore são alinhadas pelo alinhador RDP e é gerada uma matriz de distância utilizando o modelo de distância corrigido de Jukes-Cantor e as posições do modelo de alinhamento, omitindo a necessidade de inserções de alinhamento.

f)-Definição das unidades taxonómicas:

-Os limiares de identificação de espécies e géneros para a semelhança da sequência 16S rRNA devem ser estabelecidos num intervalo de 97-99% de identidade.

g)-Compatibilidade com estudos complementares:

-Abordagem polifásica que combina dados moleculares, fenotípicos e genómicos. -Através desta análise comparativa das sequências de 16S rRNA, as bactérias e as archaea são identificadas e categorizadas.

3.3.4.2. -Limitações da técnica de sequenciação do rRNA 16S na taxonomia molecular

As principais limitações da técnica de sequenciação do rRNA 16S na taxonomia molecular são as seguintes:

1)-Resolução taxonómica limitada:

O gene 16S rRNA é relativamente conservado, o que pode dificultar a discriminação entre algumas espécies estreitamente relacionadas (Janda & Abbott, 2007)

2)-Presença de múltiplos operões 16S:

Algumas bactérias podem ter várias cópias ligeiramente diferentes do gene 16S no seu genoma. Isto complica a interpretação dos resultados e a atribuição taxonómica (Vetrovsky & Baldrian, 2013).

3)-Falta de resolução ao nível das espécies:

Para alguns grupos taxonómicos, os limiares de semelhança da sequência 16S não permitem uma delimitação fiável das espécies. São necessárias outras abordagens, como a ANI (Average Nucleotide Identity) (Rosselló-Mora, R., & Amann, 2001).

4)- Dificuldade de identificar sociedades complexas:

Em alguns casos, os resultados das análises de comunidades bacterianas de sequências de RNA 16S podem refletir incorretamente a verdadeira diversidade (Carini et., 2016).

5)-Bases de dados incompletas:

Algumas bases de dados de sequências 16S ARN continuam a ser insuficientes para alguns grupos microbianos, o que pode conduzir a resultados incorrectos. Por conseguinte, são frequentemente necessárias técnicas complementares, incluindo a metagenómica (Rappé & Giovannoni, 2003).

Embora a sequenciação do 16S rRNA continue a ser um método de referência importante na taxonomia molecular, é imperativo combinar as suas capacidades com outras técnicas para obter uma classificação mais pormenorizada e eficaz dos microrganismos (Janda e Abbott, 2007).

3.3.4. Técnica de hibridação ADN/ADN

A técnica de hibridação ADN/ADN é, desde há muito, considerada o método de referência para a determinação dos limites dos organismos bacterianos. Este método baseia-se no princípio de que, para cada um dos revestimentos aparentes em particular, deve ser fornecida uma quantidade de hibridação ADN/ADN superior a 70%, com uma ATm (diferença de temperatura de fusão) inferior a 5 °C (Stackebrandt e Goebel, 1994; Rosselló-Mora et Amann, 2001).

O protocolo mede o grau de parentesco entre os genes ADN de ambos os tipos de bactérias. Além disso, o ADN é semelhante, e a quantidade de hibridação será elevada. Esta técnica permite ajudar a determinar as relações genéticas entre organismos e a identificar espécies bacterianas a partir dos seus fenótipos (Rossello-Mora et Amann, 2001; Konstantinidis et Tiedje, 2005).

No entanto, a técnica de hibridação ADN/ADN impõe certas limitações, incluindo uma relativa complexidade, que a torna incapaz de reproduzir e resolver uma taxonomia difícil a nível espacial (Goris et al., 2007). Podem ser substituídas por abordagens genómicas modernas e novas, como a identidade nucleotídica média (ANI) (Konstantinidis et Tiedje, 2005; Chun et al., 2018).

CAPÍTULO III

Grandes grupos
De
Bactérias

1.-Introdução

Com base na comparação das sequências de ADN 16S, a análise filogenética permitiu dividir o domínio bacteriano em 24 filos e várias classes e compreender as suas relações evolutivas (Woese, 1987; Prescott, 2008). Estas bactérias são agrupadas em dois grandes grupos com base na sua coloração de Gram. O grupo das bactérias gram-negativas, que é o mais diversificado com 21 filos, é o grupo mais diversificado, que é o das Proteobactérias, com 5 classes (será estudado no próximo capítulo). No entanto, um filo importante é o das Firmicutes, composto por bactérias Gram-positivas, muitas vezes com baixo teor de GC, incluindo géneros como *Bacillus* e *Clostridium* (Woese, 1987; Ludwig et al., 2009). O filo *Actinobacteria*, também Gram-positivo mas rico em GC, desempenha um papel essencial em vários domínios (Woese, 1987; Gao & Gupta, 2012).

Os principais filos (grupos) do domínio *Bacteria* são apresentados no Quadro 13 e a análise das suas relações filogenéticas na Figura 6.

Quadro 13: Grupos representativos do domínio *Bactérias*

Classificação taxonómica	Classe representativa ou género
Bactérias Gram negativas	
Filo *Aquificae*	*Aquifex, Hydrogenobacter*
Filo *Thermotogae*	*Thermotoga, Geotoga*
Filo *Thermodesulfobacteria*	*Termodesulfobactérias*
Filo *Deinococcus-Thermus*	*Deinococcus, Thermus*
Filo *Chrysiogenetes*	*Crisógenos*
Filo *Chloroflexi*	*Chloroflexus, Herpetosiphon*
Filo *Thermomicrobia*	*Termomicrobium*
Filo *Nitrospira*	*Nitrospira*
Filo *Deferribacteres*	*Geovibrio*
Filo *Cyanobacteria*	*Prochloron, Oscillatoria, Anabaena, Nostoc,*
Filo *Chlorobi*	Chlorobium, Pelodictyon
Filo *Proteobacteria*	Classe: *Alph, Beta Gamma, Delta e Epsilon de* Proteobacteria
Filo *Planctomycetes*	*Planctomyces, Gemmata*
Filo *Chlamydiae*	*Chlamydia*
Filo *Spirochaetes*	*Spirochaeta, Borrelia, Treponema, Leptospira*
Filo *Fibrobacteres*	*Fibrobacter*
Filo *Bacteroidetes*	Bacteroides, *Porphyromonas, Prevotella, Flavobacterium*
Filo *Fusobacteria*	*Fusobacterium, Streptobacillus*
Filo *Verrucomicrobia*	*Verrucomicrobium*
Filo *Dictyoglomi*	*Dictyoglomus*
Filo Gemmatimonadetes	*Gemmatimonas*
Bactérias Gram positivas	
hylum Firmicutes (baixo GC Gram Bactérias positivas)	Classe I. *Clostridia*, Classe II. *Mollicutes*, classe III. *Bacilos*
Filo *Actinobacteria* (Gram-Positivo de alto CG Bactérias)	*Actinobactérias* de classe I

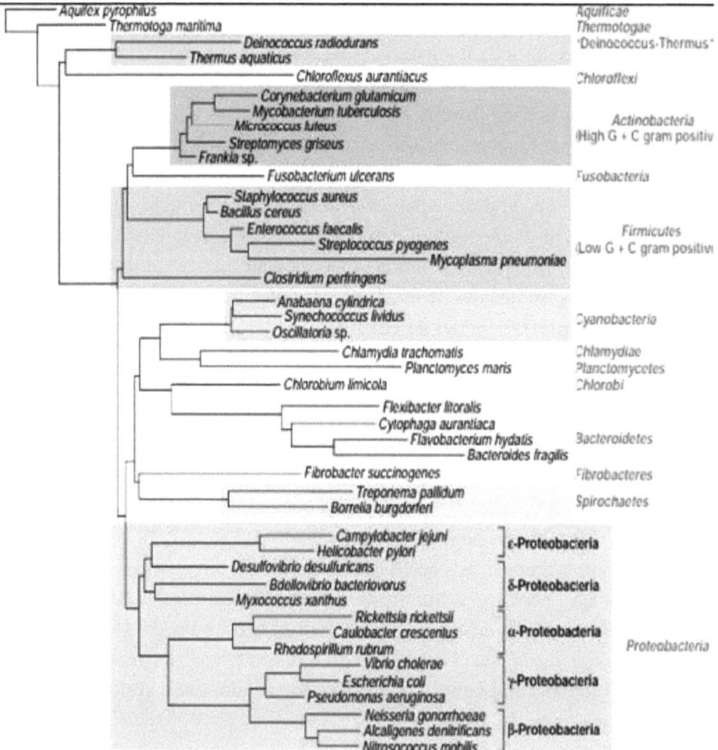

Figura 6: Árvore de filogenia do domínio *Bacteria* baseada nas comparações das sequências de 16S rRNA da maioria dos filos mostrou as relações filogenéticas entre os filos de bactérias gram-negativas e gram-positivas (Willey et al., 2008).

2.- Bactérias fotossintéticas

Existem, de facto, três grupos de bactérias fotossintéticas gram-negativas: as bactérias púrpuras, as bactérias verdes e as cianobactérias. Estes grupos são classificados com base nos seus pigmentos fotossintéticos e noutras caraterísticas fisiológicas e bioquímicas (Willey et al., 2008).

O filo *Cyanobacteria,* também conhecido como oxifotobactérias, compreende bactérias Gram-negativas capazes de realizar fotossíntese oxigenada, produzindo oxigénio como subproduto (Raven, 2017), tanto o filo *Chlorobi* (bactérias verdes de enxofre) como o filo *Chloroflexi* (bactérias verdes não sulfurosas) que realizam fotossíntese anoxigenada, utilizando outros compostos que não a água como dadores de electrões (Bryant & Frigaard, 2006; Hug et al., 2016).

Além disso, certos géneros pertencentes ao filo *Proteobacteria*, incluindo Alpha-, Beta-, e Gamma-proteobacteria, contêm bactérias púrpuras que participam na fotossíntese anoxigénica utilizando clorofila bacteriana e carotenóides (Imhof et al., 2017).

Além disso, estas bactérias fotossintéticas encontram-se frequentemente em muitos ecossistemas, onde desempenham papéis essenciais nos processos biogeoquímicos à escala global, na produção primária e na transferência de energia (Falkowski et al., 2008).

Em contrapartida, as bactérias fotossintéticas apresentam relações filogénicas distintas. O filo

Chloroflexi está muito próximo do filo *Deinococcus-Thermus*. No entanto, os filos *Chlorobi* e *Cyanobacteria* estão próximos de Bacteroidetes e *Chlamydia*, respetivamente (ver Figura X). As caraterísticas mais importantes dos principais grupos de bactérias fotossintéticas Gram-negativas são apresentadas no Quadro X.

As cianobactérias diferem fundamentalmente das outras bactérias fotossintéticas pelo facto de serem capazes de realizar fotossíntese anóxica. Possuem fotossistemas I e II, utilizam a água como dador de electrões e produzem oxigénio durante a fotossíntese. Em contrapartida, as bactérias verde-púrpura e a fotossíntese aeróbia anoxigénica têm um único fotossistema e praticam a fotossíntese anoxigénica porque não podem utilizar a água como fonte de electrões. Utilizam outras moléculas de redutase como dadores de electrões.

2.1. - Filo *Chlorobi* (bactérias verdes de enxofre)

O filo *Chlorobi* é composto por bactérias fotossintéticas, obrigatoriamente anaeróbicas, Gram-negativas, frequentemente conhecidas como bactérias verdes de enxofre. Tem apenas uma classe (*Chlorobia*), uma ordem (*Chlorobiales*) e uma família (*Chlorobiaceae*). Para além disso, estas bactérias são muito diversas morfologicamente. Podem ser vibriões, bastonetes ou cocos; enquanto algumas se desenvolvem isoladamente, outras formam cadeias e colónias. As suas tonalidades respectivas são o castanho chocolate e o verde verdejante. *Pelodictyon, Chlorobium e Prosthecochloris* são géneros representativos (Imhoff, 2014; Overmann, 2008)

Ao contrário de outros grupos, as bactérias verdes de enxofre são um pequeno grupo de fotolitoautotróficos que utilizam sulfureto de hidrogénio, enxofre elementar e hidrogénio como fontes de electrões. O enxofre elementar produzido pela oxidação do sulfureto é depositado no exterior da célula. Os pigmentos fotossintéticos do organismo residem em vesículas elipsoidais conhecidas como clorossomas ou crómio. Estas vesículas estão ligadas à membrana plasmática, mas não são contínuas com ela (Bryant & Frigaard, 2006; Madigan et al., 2018).

Fisiologicamente, as bactérias verdes de enxofre distinguem-se pela sua capacidade de realizar fotossíntese anoxigénica, na qual utilizam compostos reduzidos de enxofre, como o sulfureto ou, em alternativa, a água, como dadores de electrões (Imhoff, 2003). Possuem clorossomas, que são complexos de colheita de luz que contêm bacterioclorofilas c, d ou e e que conferem uma tonalidade verde discernível (Overmann & Garcia-Pichel, 2013).

Por outro lado, estas bactérias são descobertas em vários ambientes anóxicos ricos em enxofre, incluindo sedimentos marinhos ricos em enxofre, zonas anóxicas de lagos estratificados e fontes termais (Overmann, 2008). Desempenham um papel na produção primária nestes ecossistemas e desempenham funções essenciais no ciclo global do enxofre (Frigaard & Bryan 2008). Os géneros importantes desta classe taxonómica são *Chlorobium, Chlorobaculum e Chloroherpeton.* Além disso, a potencial remediação biológica de compostos tóxicos e o tratamento de efluentes utilizando espécies específicas de *Chlorobi* está atualmente a ser investigada (Gaisin et al., 2015).

2.2. - O filo *Chloroflexi* (bactérias verdes não sulfurosas)

O filo Chloroflexi é composto por bactérias fotossintéticas e não-fotossintéticas. Com base em estudos de 16S rRNA, divide-se em classes: *Chloroflexia, Thermomicrobia* e *Anaerolineae.* Este filo não está intimamente relacionado com nenhum outro grupo bacteriano e é um ramo profundo e antigo da árvore bacteriana (Figura X). Os membros deste filo têm uma morfologia variada, incluindo bactérias notavelmente filamentosas, escorregadias e termofílicas, frequentemente isoladas de fontes termais neutras a alcalinas, onde se desenvolvem sob a forma de tapetes laranja-avermelhados, geralmente associados a cianobactérias. Utilizam principalmente a bacterioclorofila c e a, o que lhes confere uma cor verde distinta, como as bactérias verdes de enxofre com pequenos clorossomas e bacterioclorofila c, que se encontram na membrana plasmática. Além disso, o seu metabolismo é mais semelhante ao das bactérias púrpuras não sulfurosas. Podem realizar fotossíntese anoxigénica utilizando pigmentos diferentes de outras bactérias fotossintéticas ou crescem aerobicamente como quimioheterotróficas ((Willey et al., 2008; Madigan et al., 2018).

Ecologicamente, os membros do Chloroflexi encontram-se normalmente associados a cianobactérias em ambientes aquáticos ricos em matéria orgânica, como a água doce e as águas residuais. Podem também estar presentes nos solos e noutros habitats. Podem utilizar uma grande variedade de fontes de carbono e de energia, e algumas são mesmo capazes de efetuar fotossíntese mesmo na presença de baixos níveis de luz. Desempenham um papel importante nos ecossistemas aquáticos e terrestres. A sua capacidade de fotossintetizar em ambientes variados e a sua adaptação a condições ecológicas específicas tornam-nas organismos intrigantes para estudar (Claus & Berkeley,1986; Madigan et al., 2018).

2.3. O filo *Cyanobacteria*

O filo *Cyanobacteria* é o maior e mais diversificado grupo de bactérias fotossintéticas. Ocupa um lugar único na história da vida na Terra. Estas bactérias Gram-negativas fotossintéticas são consideradas as precursoras da vida aeróbica no nosso planeta (Schopf, 2000; Tomitani et al., 2006). Apresentam diversidade no conteúdo de G C do grupo, variando de 35 a 71, e possuem mais de 62 espécies e 24 géneros.

Morfologicamente, *as cianobactérias* são diversas, variando de formas unicelulares simples a organismos filamentosos ou coloniais complexos (Whitton & Potts, 2012). Possuem estruturas subcelulares para alojar os seus pigmentos fotossintéticos, como a clorofila a, as ficocianinas e os carotenóides (Whitton, 2012).

Metabolicamente, *as cianobactérias* podem realizar a fotossíntese oxigenada, utilizando a água como dador de electrões. Este processo, que surgiu há vários milhares de milhões de anos, permitiu a produção progressiva de oxigénio e a transformação radical do primitivo. Muitas cianobactérias são fotolitoautotróficas obrigatórias, e algumas podem crescer lentamente no escuro, como quimioheterotróficas, oxidando a glucose e alguns outros açúcares. Em condições anóxicas, *a Oscillatoria limnetica* oxida sulfureto de hidrogénio em vez de água e realiza fotossíntese anoxigénica, tal como as bactérias verdes fotossintéticas da atmosfera (Olson & Blankenship, 2004).

Além disso, o sistema fotossintético assemelha-se muito ao dos eucariotas, uma vez que possuem clorofila a e fotossistemas I e II, que realizam a fotossíntese oxigenada. De facto, as cianobactérias foram outrora conhecidas como "algas verde-azuladas". Tal como as algas vermelhas, as cianobactérias utilizam as ficobiliproteínas como pigmentos acessórios. Os pigmentos fotossintéticos e os componentes da cadeia de transporte de electrões encontram-se em membranas de tilacoide revestidas por partículas chamadas ficobilissomas. No entanto, algumas espécies também desenvolveram capacidades de fixação de azoto atmosférico através da formação de células especializadas chamadas heterocistos (Whitton, 2012).

As cianobactérias têm também um sólido potencial biotecnológico. A sua capacidade para fixar CO2 e produzir moléculas de interesse torna-as organismos promissores para a produção de biocombustíveis e bioprodutos (Olson & Blankenship, 2004; Raymond et al., 2002). São também utilizados na fitorremediação para tratar águas residuais. Ocupam um lugar central em muitos ecossistemas aquáticos e terrestres (Whitton & Potts, 2012). Constituem a base de muitas cadeias alimentares e participam ativamente nos ciclos biogeoquímicos. No entanto, certas espécies podem produzir toxinas e causar incómodos em ambientes naturais (Whitton, 2012).

A morfologia e as caraterísticas dos géneros mais importantes de cianobactérias são apresentadas na Figura 7 e no Quadro 14.

Chapter III: Major Groups of Bacteria **Dr. El-Hadj DRICHE**

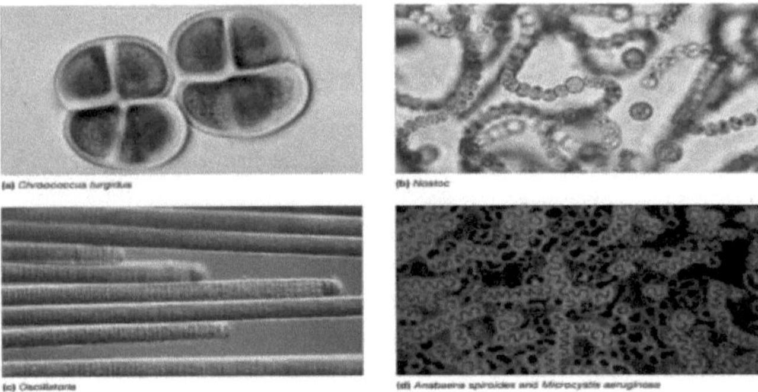

Figura 7: Cianobactérias representativas (Willey et al., 2008).

(a) Chroococcus turgidus, duas colónias de quatro células cada (x600); (b) Nostoc com heterocistos (X550). (c) Tricomas de Oscillatoria vistos com ótica de contraste de interferência Nomarski (x 250). (d) As cianobactérias Anabaena spiroides e Microcystis aeruginosa. A espiral de A. spiroides está coberta por uma espessa g.

Tabela 14: Alguns géneros de *cianobactérias* e suas caraterísticas

Género	Caraterísticas
	- Cianobactérias filamentosas,
Anabaena	Formam heterocistos para fixação de azoto.
	- Produzem vários metabolitos secundários, incluindo toxinas
	- Encontrado em ambientes de água doce
	- Cianobactérias filamentosas e ramificadas
Nostoc	- Capaz de formar esporos resistentes chamados akinetes
	- Os heterocistos permitem a fixação do azoto
	- Comummente encontrados em habitats terrestres e aquáticos
	- Cianobactérias filamentosas com motilidade oscilante/deslizante
Oscilatórios	- Sem ramificação verdadeira ou heterocistos
	- Produzem vários pigmentos como a clorofila a e a ficoeritrina
	- Desenvolvem-se em ambientes bentónicos ou de formação de tapetes
	- Unicelulares, picocianobactérias
Synechococcus	- Muito difundido nos ecossistemas marinhos e de água doce
	- Contribuintes importantes para a produtividade primária
	- Não possuem estruturas especializadas como os heterocistos
	- Cianobactérias coloniais, formando agregados irregulares
Microcystis	- Produzem hepatotoxinas como as microcistinas
	- Responsável pela proliferação de algas nocivas em águas eutróficas -

	Adaptado a uma vasta gama de condições de luz e nutrientes

2.4. -Bactérias púrpuras não sulfurosas

Todas as bactérias púrpuras não sulfurosas são *alfa-proteobactérias, à* exceção da *Rhodocylus,* uma *beta-proteobactéria* (Madigan et al., 2018).

Fisiologicamente, as bactérias púrpuras não sulfurosas distinguem-se pela sua capacidade de realizar fotossíntese anoxigénica sem libertação de oxigénio (Imhoff, 2014). Os seus pigmentos fotossintéticos, que consistem principalmente em carotenóides e clorofilas bacterianas a ou b., conferem-lhes esta cor púrpura distinta. Em contraste com as bactérias verdes de enxofre, não utilizam o enxofre como dador de electrões, mas preferem compostos orgânicos (Madigan et al., 2018). No entanto, algumas bactérias púrpuras não sulfurosas podem sobreviver em condições aeróbicas ou anaeróbicas. A sua capacidade de fotossíntese e de respiração anoxigénica permite-lhes crescer em diversas condições ecológicas. (Yurkov & Csotonyi, 2009).

Ecologicamente, as bactérias púrpuras não sulfurosas encontram-se em vários ecossistemas aquáticos e terrestres (Pfennig,1989). Encontram-se em lagos, pântanos, sedimentos, solo e até em certos ambientes extremos, como fontes hidrotermais. Esta diversidade de habitats reflecte a grande adaptabilidade ecológica destes microrganismos. Desempenham um papel fundamental nos ciclos biogeoquímicos, nomeadamente na degradação da matéria orgânica e na reciclagem dos nutrientes (Imhoff, 2014). Para além disso, as bactérias púrpuras não sulfurosas apresentam também um potencial biotecnológico sólido. A sua capacidade de fixar CO2 e produzir hidrogénio torna-as organismos promissores para a produção de biocombustíveis e bioprodutos. Estão também a ser estudadas para a sua utilização na fitorremediação para tratar águas residuais (Madigan et al., 2018). Os géneros mais importantes e as suas caraterísticas são apresentados no Quadro 15

Tabela 15: Alguns géneros de bactérias púrpuras não sulfurosas e suas caraterísticas

Género	Caraterísticas
Rhodobacter	- Bactérias fotoheterotróficas aeróbias - Células em forma de bastonete, Pigmentos: carotenóides e bacterioclorofilas - Encontrado em lagos e rios
Rhodopseudomonas	- Bactérias fotoheterotróficas anaeróbias facultativas - Células em forma de bastonete ou vibrióides - Pigmentos semelhantes aos de Rhodobacter -Desempenham um papel importante nos ciclos do C e do N
Rhodospirillum	-Bactérias fotoheterotróficas anaeróbias ou microaerófilas - Células em forma de espiral ou vibrióides - Pigmentos compostos principalmente por carotenóides - Presentes em diversos ambientes aquáticos
Rhodocyclus	- Bactérias fotoheterotróficas anaeróbias facultativas - Células cocóides ou em forma de bastonete curto - Pigmentos baseados em bacterioclorofilas - Frequentemente encontrados em sedimentos e zonas anóxicas

2.5. Bactérias de enxofre púrpura

As bactérias de enxofre púrpura são proteobactérias gama, anaeróbios estritos, geralmente fotolitoautotróficas e divididas em duas famílias: *Chromatiaceae* e *Ecthothiorhodospiraceae* na ordem *Chromatial.* A família *Ecthothothiorhodospiraceae* tem oito géneros. No entanto, a

maioria das bactérias de enxofre púrpura encontra-se na família *Chromatiaceae*, que tem 26 géneros (ver alguns géneros importantes na tabela X). Apresentam várias formas, desde cocos unicelulares a formas filamentosas e ramificadas (Willey et al., 2008).
Quanto às caraterísticas fisiológicas e metabólicas, as bactérias de enxofre púrpura podem realizar fotossíntese anoxigénica, que não leva à libertação de oxigénio. Os pigmentos fotossintéticos, constituídos principalmente por carotenóides e clorofila bacteriana, conferem-lhes a sua cor púrpura ou púrpura-avermelhada caraterística (Imhof, 2014). No entanto, utilizam compostos de enxofre autotróficos para a doação de electrões durante a fotossíntese, incluindo o sulfureto de hidrogénio (H2S) e o enxofre elementar (Madigan et al., 2018). Apresentam diversidade ecológica ao residirem em habitats terrestres e aquáticos, com uma preferência particular por regiões ricas em enxofre, anóxicas ou parcialmente anóxicas, desempenhando papéis cruciais em vários processos biogeoquímicos (Pfennig, 1989).
Por outro lado, as bactérias púrpuras de enxofre têm muito interesse em biotecnologia. Fixam CO2 e produzem biomassa, e o seu potencial para biorremediação e produção de biocombustíveis tem estimulado numerosos esforços de investigação (Madigan et al., 2018).

Tabela 16: Alguns géneros de bactérias púrpuras não sulfurosas e suas caraterísticas

Género	Caraterísticas
Cromátide	- Bactérias anaeróbias obrigatórias, fototróficas - Células grandes, ovóides ou em forma de bastonete - Utilizam sulfureto, tiossulfato ou enxofre elementar como dadores de electrões - Produzem glóbulos de enxofre elementar como subproduto fotossintético.
Alocromatião	- Bactérias anaeróbias obrigatórias, fototróficas - Células ovóides a em forma de bastonete - Oxidam sulfureto, tiossulfato e outros compostos reduzidos de enxofre - Acumulam enxofre elementar dentro ou fora das células
Tiocapsa	- Bactérias anaeróbias, fototróficas - Células esféricas a ligeiramente irregulares - Capazes de utilizar uma vasta gama de compostos de enxofre reduzidos, - Podem formar agregados celulares ou colónias caraterísticos de cor púrpura-avermelhada
Lamprocystis	- Bactérias fototróficas, obrigatoriamente anaeróbias - Células esféricas a ligeiramente ovóides - Oxidam sulfureto, tiossulfato e outros compostos de enxofre - Produzem glóbulos de enxofre intracelulares durante a fotossíntese
Thiopedia	- Bactérias anaeróbias fototróficas - Células planas, em forma de placa, dispostas em pacotes ou folhas - Utilizam sulfureto, tiossulfato e enxofre elementar como dadores de electrões - Caraterística

2.6. -Heliobactérias

As Heliobactérias são um ramo distinto das bactérias fotossintéticas anoxigénicas com uma grande diversidade de bactérias fotossintéticas pertencentes ao filo Firmicutes. Os membros das *Heliobactérias* têm várias caraterísticas notáveis (quadro 17):

1)-Fotossíntese ana-oxigénica: realizam fotossíntese que não liberta oxigénio, e os seus pigmentos fotossintéticos são baseados na bacterioclorofila g (Madigan et al., 2018).

2)- Morfologia distinta: estas bactérias têm uma aparência distinta em forma de bastonete com extremidades arredondadas (Imhof, 2014).

3)-Diversidade metabólica: São completamente anaeróbias e encontram-se frequentemente

em ambientes ricos em matéria orgânica, como o solo, sedimentos ou campos de arroz, mas algumas espécies também podem ser aeróbias (Satley e Madigan, 2006).
4) Papéis ambientais: Outros tipos de bactérias são raramente associados à fotossíntese, mas desempenham um papel ambiental essencial nos ecossistemas nocivos em que existem (Madigan e Ormerod, 1995). Indicam a degradação da matéria orgânica e a reciclagem dos nutrientes. 5)-Interesses em biotecnologia: O estudo das bactérias solares inclui também o interesse pela biotecnologia. O seu metabolismo diversificado e a capacidade de produção de hidrogénio pelos organismos promove aplicações como a produção de hidratos de carbono biogénicos (Madigan et al., 2018).

Quadro 17: Alguns géneros de *Heliobacteria* e suas caraterísticas

Género	Caraterísticas
Heliobactérias	- Bactérias estritamente anaeróbias, fotoheterotróficas - Células em forma de bastonete com extremidades arredondadas - pigmentos fotossintéticos baseados na bacterioclorofila g - podem crescer quimioheterotroficamente no escuro
Heliófilo	- Bactérias anaeróbias, fotoheterotróficas - Células em forma de bastonete com extremidades - Utilizam uma variedade de compostos orgânicos como fontes de carbono e energia - Podem também fixar azoto atmosférico
Heliorestis	- Bactérias anaeróbias, fotoheterotróficas - Vibrióides ou em forma de espiral células - Produzem hidrogénio como subproduto da fotossíntese - Comummente encontradas em sedimentos e solos anóxicos
Thermothor	- Bactérias termófilas, anaeróbias, fotoheterotróficas - Em forma de bastonete ou Células cocóides - Adaptadas para crescer a altas temperaturas (até 65°C) - Utilizam uma gama limitada de compostos orgânicos

3 Bactérias autotróficas

3.1. - Introdução

As bactérias autotróficas incluem um grupo grande e heterogéneo de microrganismos. A principal caraterística destas bactérias é a capacidade de sintetizar os seus compostos orgânicos a partir de substâncias inorgânicas. Desempenham um papel importante em muitos ciclos biogeoquímicos, como o ciclo do carbono e a fixação do azoto, que, no seu conjunto, são essenciais para os sistemas de suporte de vida dos ecossistemas (Sorokin e Muyzer, 2011; Madigan et al., 2018).

3.2. -Morfologia das bactérias autotróficas

As bactérias autotróficas apresentam grande variação morfológica. Podem ser encontradas em diferentes formas, unicelulares ou filamentosas, numa grande variedade de formas, tamanhos e arranjos. Algumas bactérias autotróficas possuem estruturas celulares distintas, por exemplo, bainhas ou apêndices especiais. Por exemplo, as cianobactérias filamentosas desenvolvem normalmente cadeias de células à sua volta com um invólucro para proteção. Outras bactérias autotróficas podem ter estruturas especializadas, como pedúnculos ou holdfasts para fixação (Rippka et al., 2018; Madigan et al., 2018).

3.3. -Classificação das bactérias autotróficas

As bactérias autotróficas estão divididas em muitos grupos taxonómicos com base na semelhança apresentada pelo agrupamento e nas suas afinidades evolutivas. O filo das bactérias autotróficas é o *das Cianobactérias*, que inclui géneros bem conhecidos como *Anabaena, Microcystis* e *Synechococcus*; e, alguns grupos de *Proteobactérias,* incluindo os géneros *Nitrosomonas e Nitrobacter,* envolvidos na nitrificação pertencentes aos envolvidos na nitrificação (Soo et al., 2014; Daims et al., 2016).

3.4. -Metabolismo das bactérias autotróficas

Nas bactérias autotróficas, estão envolvidas diferentes vias metabólicas na fixação do carbono. Entre as vias importantes, a via mais comum na maioria dos organismos autotróficos, para além das *cianobactérias* e de algumas *proteobactérias*, é o ciclo de Calvin-Benson. Outras bactérias autotróficas utilizam vias alternativas, como o ciclo redutor do ácido cítrico (inverso do ciclo de Krebs) ou o ciclo do 3-hidroxipropionato/4-hidroxibutirato. As bactérias autotróficas que utilizam estas vias podem assimilar compostos inorgânicos de carbono, por exemplo, dióxido de carbono sob a forma de compostos orgânicos (Berg, 2011; Hugler & Sievert, 2011).

3.5. -Ecologia das bactérias autotróficas

As bactérias autotróficas habitam em muitos ambientes, incluindo sistemas aquáticos, solo e ambientes extremos. As bactérias autotróficas, principalmente as cianobactérias, contribuem para a produção primária e de oxigénio no ambiente aquático através da fotossíntese anóxica. Algumas bactérias autotróficas também se encontram nos ciclos do azoto e do enxofre e são realizadas por nitrificação para a oxidação do azoto e do enxofre, respetivamente (Falkowski et al., 2008; Kirchman, 2018).

Os géneros mais comuns de bactérias autotróficas e as suas caraterísticas são apresentados no Quadro 18.

Quadro 18: a maioria dos géneros e a sua morfologia, metabolismo e caraterísticas ecológicas

Género	Morfologia	Tipo de Metabolismo	Papel ecológico	Habitat típico
Cianobactérias	Diversos; podem ser unicelulares ou filamentosos	Fotoautotrófico	Produtores primários, fixação de azoto	Água doce, marinha, terrestre
Nitrosomonas	Em forma de haste	Quimioautotrófico	Oxidação do amoníaco	Solo, água doce
Nitrobacter	Em forma de haste	Quimioautotrófico	Oxidação de nitritos	Solo, água doce
Clorobi	Esférico ou em forma de bastão	Fotoautotrófico	Ciclo do enxofre	Sedimentos anóxicos de água doce e marinhos
Cloroflexo	Filamentoso	Fotoautotrófico	Decomposição, ciclo da matéria orgânica	Fontes termais, lamas de depuração

4 Bactérias Gram-negativas que não sejam *Proteobactérias*

4.1. - Filo *Chlamydiae*

As clamídias são bactérias intracelulares obrigatórias com um ciclo de crescimento distinto e constituem uma categoria diferente de bactérias Gram-negativas. Ao contrário da maioria das bactérias, *as Chlamydia* não se podem multiplicar fora da sua célula hospedeira. Para sobreviverem e proliferarem, têm de penetrar e controlar a maquinaria celular dos seus hospedeiros eucariotas (Greub, 2009; Sachse et al., 2015).

O filo *Chlamydiae* está classificado em quatro ordens distintas: *Waddliiales, Chlamydiales, Parachlamydiales* e *Criblamydiales*. Chlamydiae, que inclui algumas espécies de importância médica, é o género mais conhecido e extensivamente investigado. Por exemplo, *a C. trachomatis* infecta os seres humanos e os ratos, causando tracoma e uretrite não-oncócica no homem; *a C. psittaci* causa psitacose (poumo) nos seres humanos, nos papagaios, perus, ovelhas, gado e gatos, e *a Chlamydia pneumoniae* é uma causa comum de pneumonia humana. Outros. Géneros como *Parachlamydia, Wadalia* e *Symcania* têm uma grande variedade de hospedeiros, incluindo aves, mamíferos, amebas e protistas. (Horn, 2008; Greub, 2010; Kuo et al., 2015).

Morfologicamente, as clamídias são bactérias Gram-negativas, um pequeno grupo de bactérias cocóides não-móveis, não-móveis, cocóides, variando em tamanho de 0,2 a 1,5 µm. Só se podem reproduzir em vesículas citoplasmáticas de células hospedeiras, de acordo com um ciclo de desenvolvimento que inclui a formação de dois tipos de células: corpos elementares e corpos retículos. Embora o seu invólucro se assemelhe ao de outras bactérias Gram-negativas, a sua parede celular é diferente, uma vez que é desprovida de ácido murâmico e de uma camada de peptidoglicano (Sachse et al., 2015; Madigan et al., 2018).

4.2. - Filo *Rickettsiae*

As rickettsias são bactérias Gram-negativas, conhecidas pelas suas associações íntimas com hospedeiros eucarióticos, especialmente artrópodes e vertebrados. São constituídas por duas ordens principais: *Rickettsiales* e *Holosporales*. Rickettsiales contém os géneros mais conhecidos e medicamente significativos, incluindo *Ehrlichia, Rickettsia e Orientia* (Dumler, 2010; Gillespie et al., 2012).

Fisiologicamente, são parasitas intracelulares obrigatórios com um tamanho de célula pequeno (0,3 a 0,5 um) devido aos seus genomas simplificados e estilo de vida intracelular especializado, e incapazes de se reproduzir fora dos limites da célula hospedeira eucariótica. Além disso, *as Rickettsiae* podem infetar uma vasta gama de hospedeiros eucarióticos, tais como artrópodes como carraças, pulgas e piolhos, e vertebrados como os seres humanos e outros mamíferos (Raoult & Roux, 1997; Perlman et al., 2006).

O género *Rickettsiae* é ecologicamente significativo devido à sua importância na ecologia dos hospedeiros artrópodes e vertebrados. Muitas espécies de Rickettsia podem ser transmitidas por carrapatos, pulgas ou parasitas, causando grande mortalidade e morbidade em animais e humanos, incluindo tifo e febre maculosa das Montanhas Rochosas (Dumler, 2010; Fournier et al., 2021).

4.3. - Filo Planctomycetes

Os planctomicetos são bactérias gram-negativas, caracterizadas pelas suas morfologias celulares distintas, que possuem um sistema de membranas intracelulares que divide a célula em múltiplos compartimentos, uma caraterística que é rara entre os procariotas, e não contêm peptidoglicano (Fuerst & Sagulenko, 2011). Atualmente, estão divididos em várias classes, incluindo *Planctomycetia, Phycisphaerae* e *Verrucomicrobiae*. Cada classe contém muitos géneros e espécies, cada um dos quais possui propriedades ecológicas e fisiológicas únicas (Quadro 19) (Dedysh & Ivanova, 2019).

Os planctomicetas apresentam uma vasta gama de capacidades metabólicas, incluindo a degradação de biopolímeros complexos como a quitina e a celulose, para além da respiração aeróbica e anaeróbica. Este último processo contribui para o movimento circular das substâncias orgânicas nos ecossistemas aquáticos. São quimiotróficos, o que significa que podem utilizar uma grande variedade de compostos orgânicos para obter energia. Certos organismos dentro deste grupo taxonómico demonstram capacidades mixotróficas, participando tanto na heterotrofia como na autotrofia (Strous et al., 1999; Wiegand et a., 2020).

Além disso, os planctomicetas têm importância ecológica e potencial biotecnológico. Asseguram, entre outras funções vitais, a ciclagem do carbono, do azoto, bem como num grande número de outros tipos de ecossistemas aquáticos. Formam relações com outros organismos, como as esponjas, que podem proporcionar benefícios metabólicos ou estruturais aos seus hospedeiros (Lage & Bondoso, 2014).

Tabela: 19: Maioria dos géneros de planctomicetos e suas caraterísticas (Fuerst & Sagulenko, 2011; Dedysh & Ivanova, 2019)

Género	Morfologia	Metabolismo	Papel biológico
Planctomyces	Bactérias em crescimento com membranas intracelulares	Quimioheterotróficos, potenciais mixotróficos	Envolvidos na degradação da matéria orgânica e no ciclo do azoto
Gemmata	Simbiontes intracelulares portadores de envelope	Mixotrófico, capaz de anammox	Potenciais simbiontes, envolvidos no ciclo do azoto
Rhodopirellula	Bactérias sem peptidoglicano	Quimioheterotrófico	Encontrado em ambientes marinhos, papel potencial no ciclo do carbono
Isosphaera	Células esféricas com membranas intracelulares	Quimioheterotrófico	Encontrado em ambientes de água doce, papel potencial no ciclo do carbono
Pirellula	Bactérias em crescimento com membranas intracelulares	Quimioheterotrófico	Encontrado em ambientes marinhos, papel potencial no ciclo do carbono

4.4. - Filo Spirochaetes

As espiroquetas são bactérias Gram negativas, anaeróbias, anaeróbias facultativas ou aeróbias, que contêm quimioheterotróficos distintos pela sua estrutura e pelo seu mecanismo de mobilidade. Estão agrupadas numa única ordem, *Spirochaetales*, dividida em três famílias (*Spirochaetaceae, Serpulinaceae e Leptospiraceae)* e 13 géneros. Além disso, *as espiroquetas* formam associações simbióticas com outros organismos e são encontradas em locais muito diversos, como no intestino grosso, no sistema digestivo de moluscos (*Cristispira*) e mamíferos, nas cavidades orais dos animais (Radolf et al., 2012; Brinkman et al., 2013).

Caraterísticas morfológicas e ecológicas, as espiroquetas são bactérias longas e finas, com a forma de uma hélice flexível, longa, flexível e muito espiralada. Todas elas são móveis por meio de um filamento axial. São habitantes aeróbicos ou anaeróbicos de solos e ambientes aquáticos. Os membros do género *Spirochaeta* vivem livres e crescem frequentemente em meios marinhos, anóxicos e ricos em sulfuretos. Certas espécies do género Leptospira desenvolvem-se em água carregada de oxigénio e em solo húmido (Faine et al., 1999; Charon & Goldstein, 2002; Brinkman et al., 2013).

Os géneros mais importantes de espiroquetas são apresentados no quadro 20.

Quadro 20: alguns dos géneros mais comuns de Spirochaetes e suas caraterísticas (Faine et al., 1999; Charon & Goldstein, 2002; Radolf et al., 2012 ; Brinkman et al., 2013).

Género	Morfologia	Motilidade	Habitat	Caraterísticas notáveis
Borrelia	Espiroquetas finas e helicoidais	Flagelos e filamentos axiais	Carraças, piolhos e mamíferos	As espécies patogénicas causam a doença de Lyme (Borrelia burgdorferi), a febre recorrente e outras doenças transmitidas por carraças
Treponema	Espiroquetas finas e flexíveis	Filamentos axiais	Cavidade oral, trato gastrointestinal e sistema geniturinário	As espécies patogénicas incluem o Treponema pallidum, que causa a sífilis, e o Treponema denticola, que causa a doença periodontal
Leptospira	Espiroquetas finas e enroladas	Extremidades com gancho	Ambientes do solo e da água	As espécies patogénicas causam a leptospirose, uma doença zoonótica transmitida através da água contaminada ou do contacto com animais infectados
Spirochaeta	Espiroquetas longas e flexíveis	Flagelos periplasmáticos	Ambientes aquáticos	Algumas espécies estão envolvidas em processos de degradação anaeróbia, como a fermentação de hidratos de carbono e a produção de hidrogénio
Brachyspira	Espiroquetas curtas e enroladas	Filamentos axiais	Trato intestinal dos animais	As espécies patogénicas estão associadas a doenças intestinais em animais, incluindo a disenteria suína e a espiroquetose intestinal aviária
Cristispira	Espiroquetas em forma de espiral	Desconhecido	Ambientes marinhos	Espécies marinhas associadas ao trato gastrointestinal dos peixes, potencialmente com um papel na saúde e digestão dos peixes

4.5.- Filo Bacteroidetes

O filo Bacteroidetes contém um grande grupo de bactérias Gram-negativas, não formadoras de esporos, em forma de bastonete, anaeróbios estritos ou organismos aeróbicos facultativos, estas bactérias habitam detritos, animais e ambientes humanos e do solo, bem como o trato digestivo de humanos e animais (Thomas et al., 2011). Alguns géneros importantes que pertencem a este filo incluem *Bacteroides, Prevotella, Porphyromonas* e *Flavobacterium.* Estas bactérias desempenham um papel importante na degradação de compostos orgânicos complexos como a celulose, a quitina e as proteínas (Reichardt et al., 2014). Muitas espécies estão envolvidas na digestão dos alimentos e no metabolismo dos hidratos de carbono nos animais. No entanto, alguns membros são também agentes patogénicos oportunistas e podem causar infecções nos seres humanos (Brock, 2008). O filo Bacteroidetes apresenta alta diversidade metabólica e ecológica, e seus membros são abundantes em muitos ecossistemas, especialmente aqueles ricos em matéria orgânica (Krieg et al., 2010).

4.- Filo Firmicutes (Bactérias Gram-Positivas de baixo CG)

Os Firmicutes são um grande grupo de Gram positivos que inclui bactérias muito diversas, desde espécies patogénicas como *os Staphylococcus* até bactérias envolvidas na fermentação como os *Lactobacilli*. Fazem parte do domínio *Bacteria* e estão classificadas no filo Firmicutes, caracterizando-se pelo seu baixo GC. Este filo é dividido em três classes: *Clostridia, Bacilli, Mollicutes* e *Negativicutes* e 10 ordens e 34 famílias (Figura 8). Cada classe contém diferentes géneros e espécies de Firmicutes. Distinguem-se por algumas caraterísticas comuns, como a presença de uma parede celular espessa composta principalmente por peptidoglicano. Esta parede celular confere-lhes uma maior resistência a condições ambientais adversas. Para além disso, as Firmicutes são geralmente bactérias Gram-positivas com formas celulares variadas (cocos, bacilos, filamentos). Algumas formam esporos resistentes (por exemplo, *Bacillus, Clostridium*) (Claus & Berkeley, 1986; Garrity et al., 2005; Madigan et al., 2018).

A nível fisiológico, os Firmicutes apresentam uma grande diversidade de fisiologias e estilos de vida. Podem ser aeróbios, anaeróbios, fermentativos ou respiratórios. Algumas são autotróficas, outras são heterotróficas. Muitas espécies de Firmicutes são capazes de formar endosporos, que são estruturas endurecidas que lhes permitem sobreviver em condições ambientais adversas durante longos períodos de tempo (Madigan et al., 2015; Hisamatsu et al. 2020).

Ecologicamente, as Firmicutes encontram-se numa vasta gama de habitats ecológicos, incluindo plantas, animais, sedimentos e água. Algumas plantas fixas habitam o trato digestivo dos animais como simbiontes ou simbiotas, facilitando eficazmente a digestão dos alimentos. Os organismos patogénicos têm a capacidade de causar doenças em plantas, animais ou seres humanos. Algumas bactérias são mais utilizadas em processos industriais, incluindo a indústria do queijo e das bebidas alcoólicas (Aberrantigan et al., 2015; Irwin et al., 2013).

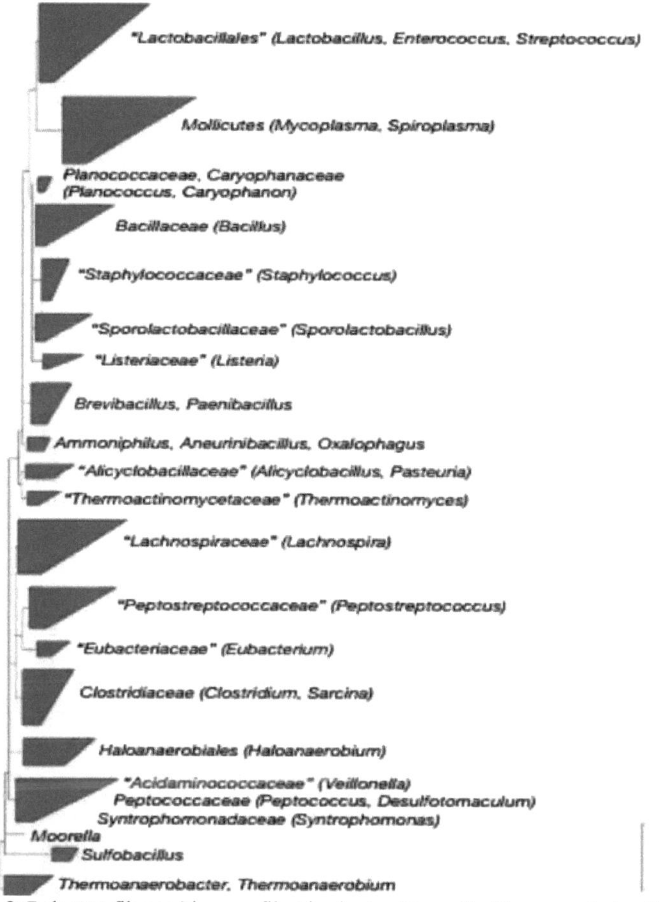

Figura 8: Relações filogenéticas no filo Firmicutes (Gram Positivos com baixo GC%).

4.1. -Classe dos mollicutes (os micoplasmas)

Os Mollicutes, também conhecidos como "micoplasmas", constituem uma classe única dentro do filo Firmicutes. Estas bactérias são caracterizadas pela ausência de uma parede celular, uma caraterística que as distingue da maioria das outras bactérias (Razin et al., 1998).

Os molicutes são conhecidos pela ausência de uma parede celular, dependendo, em vez disso, de uma membrana plasmática flexível para suporte estrutural. Têm também alguns dos mais pequenos tamanhos de célula e de genoma conhecidos entre os organismos de vida livre, variando tipicamente entre 0,2 e 0,8 µm de diâmetro e 0,58 e 1,38 Mb de tamanho de genoma (Himmelreich et al., 1996). Devido à sua natureza deficiente em termos de parede celular, os moluscos podem adotar uma variedade de formas pleomórficas, desde formas esféricas a formas filamentosas (Waites & Talkington, 2004).

A classe Mollicutes está também dividida em várias ordens, famílias e géneros. Estes incluem *Mycoplasma*, que contém o género *Mycoplasma* com várias espécies patogénicas, e os *Entomoplasmatales* e *Acholeplasmatales*, associados a insectos, que são comummente encontrados no ambiente e que são moluscos anaeróbicos encontrados no trato digestivo dos animais (Weisburg et al., 1989; Gasparic, 2010);

Os moluscos ocupam diversos nichos ecológicos e desempenham diferentes papéis, desde o comensalismo e o mutualismo até à patogenicidade. Muitos mollicutes formam relações simbióticas com os seus hospedeiros, enquanto outros são conhecidos por causar doenças em seres humanos, animais e plantas (Waites & Talkington, 2004). Os géneros mais importantes, incluindo espécies patogénicas, são apresentados no quadro 21.

Quadro 21: principais géneros e espécies da classe Mollicutes

Género	Caraterísticas
Mycoplasma	- Falta de parede celular - causa doenças em humanos, animais e plantas - Exemplos: *M. pneumoniae, M. genitalium, M. mycoides*
Ureaplasma	- Pertencem à família *Mycoplasmataceae* - Associadas a infecções do trato urogenital em humanos - Exemplos: *U. urealyticum, U. parvum*
Acholeplasma	- Encontrada no ambiente (solo e plantas) - Não se sabe se é patogénica - Exemplos: *Acholeplasma laidlawii, Acholeplasma hippikon*
Spiroplasma	- Morfologia celular helicoidal e móvel - Algumas espécies são patogénicas para as plantas - Exemplos: *Spiroplasma citri, Spiroplasma apis*
Entomoplasma	- Associado a insectos, incluindo abelhas e cigarrinhas - Exemplos: *Entomoplasma freundtii, Entomoplasma luminosum*
Mesoplasma	- Também associada a insectos, - Exemplos: *Mesoplasma florum,*
Anaeroplasma	- Mollicutes anaeróbios presentes no trato gastrointestinal dos animais - Exemplos: *Anaeroplasma abactoclasticum, Anaeroplasma bactoclasticum*

4.2. - Classe *Clostridia*

Os Clostridiums formam um filo proeminente dentro do filo Firmicutes. Estas bactérias são caracterizadas pelo seu estilo de vida anaeróbico e pela capacidade de formar esporos, o que lhes permite sobreviver em condições ambientais adversas (Wiegel et al., 2006). As suas relações evolutivas são apresentadas na Figura 09. O filo Clostridia está dividido em três ordens e 11 famílias (Tabela 22). No que diz respeito às capacidades metabólicas e aos papéis ecológicos, os clostrídios apresentam uma variedade de capacidades metabólicas, reflectindo a sua adaptação a diferentes ambientes. São anaeróbios obrigatórios, dependem da fermentação ou da respiração anaeróbia para produzir energia e podem degradar uma vasta gama de compostos orgânicos (Wiegel et al., 2006). Muitas espécies de *Clostridium* podem formar endosporos robustos e inertes que lhes permitem sobreviver a condições adversas, o que constitui uma importante estratégia de sobrevivência no ambiente (Paredes-Sabja et al., 2011). Os Clostridia desempenham papéis importantes no ciclo da matéria orgânica e dos nutrientes em vários ecossistemas, especialmente em ambientes anaeróbios como o rúmen, os sedimentos e o intestino humano (Flint et al., 2012).

Podem decompor uma variedade de moléculas orgânicas e são anaeróbios forçados que obtêm a sua energia a partir da fermentação ou da respiração anaeróbia (Wiegel et al., 2006). Isso inclui *Clostridium difficile*, uma das principais causas de diarreia e colite associadas a antibióticos (Hensgens et al., 2012); *Clostridium tetani*, o agente causador do tétano (Pascual, 2015); e *Clostridium botulinum*, que produz as toxinas biológicas mais potentes conhecidas e pode causar doenças graves e botulismo (Montecucco & Rasotto, 2015).

Quadro 22: caraterísticas de algumas ordens e géneros importantes da classe *Clostridia* :

Ordem/Género	Caraterísticas

Clostridiales *Clostridium*	- anaeróbios obrigatórios - Capazes de formar endosporos - Diversas capacidades metabólicas, incluindo fermentação e respiração anaeróbia - Incluem espécies patogénicas como *C. difficile, C. tetani,*
Peptoclostridium	- Bactérias anaeróbias, formadoras de esporos - Envolvidas na degradação de substratos proteicos - Algumas espécies estão associadas ao microbioma intestinal humano
Ruminococos	- Bactérias anaeróbias, Gram-positivas - Encontradas no trato gastrointestinal de vários mamíferos, incluindo os humanos - Desempenham um papel na digestão de materiais celulósicos
Thermoanaerobacterales Thermoanaerobacter	- *Clostridia* termófila e anaeróbia - Capaz de fermentar uma variedade de hidratos de carbono - Encontrada em ambientes de alta temperatura, como fontes termais e áreas geotérmicas
Caldicellulosiruptor	- Bactérias anaeróbias extremamente termofílicas - Capazes de degradar biomassa lignocelulósica - Aplicações potenciais na produção de biocombustíveis a partir de matérias-primas vegetais
Ordem/Género	**Caraterísticas**
Halanaerobiales *Halanaeróbio*	- *Clostridia* anaeróbia halofílica (tolerante ao sal) - Adaptada a ambientes salinos, como lagos hipersalinos e sedimentos marinhos - Capaz de fermentar uma série de compostos orgânicos
Halothermothrix	- *Clostridia* anaeróbia termofílica e halofílica - Desenvolvem-se em ambientes de alta temperatura e alta salinidade - Estão envolvidos na degradação de matéria orgânica complexa em habitats salinos
Oscillospirales *Oscillospira*	- Bactérias anaeróbias, em forma de espiral - Membros abundantes do microbioma intestinal em vários mamíferos, incluindo os seres humanos Papéis potenciais na saúde intestinal e no ciclo de nutrientes

4.3. - Classe Bacilos

Os bacilos constituem uma classe importante do filo Firmicutes. São bactérias Gram-positivas com diversas formas (cocos, bastonetes, cocos formadores de esporos e bastonetes não formadores de esporos). Diversidade taxonómica e taxonomia. A classe dos bacilos está também dividida em duas ordens *Bacillales* e *Lactobacillales*. e contém 17 famílias e mais de 70 géneros Gram-positivos.

Para além do género *Bacillus*, a ordem *Bacillales* contém *Paenibacillus* e *Lysinibacillus* (Logan & De Vos, 2009). Pelo contrário, a ordem *Lactobacilli* é constituída por géneros que produzem ácido lático, incluindo *Enterococci, Streptococci* e *Lactobacilli*, todos eles importantes no microbioma gastrointestinal humano e na fermentação da dieta (Pot et al., 1994).

Os bacilos têm uma variedade de capacidades metabólicas, que lhes permitem sobreviver numa vasta gama de ambientes. Os bacilos podem utilizar tanto a respiração aeróbica como a anaeróbica, o que lhes permite adaptarem-se a uma vasta gama de condições anóxicas (Lechner et al., 1998). Alguns bacilos, incluindo *Streptococci* e *Lactobacilli*, são conhecidos pela sua capacidade de metabolizar uma série de substratos orgânicos em compostos benéficos, incluindo ácido lático e outros alimentos fermentados (Giraffa et al., 2010).

No entanto, algumas espécies de *Bacillus*, entre outras, podem fixar o azoto atmosférico, contribuindo assim para o ciclo dos nutrientes nos ecossistemas terrestres (Heulin et al., 1987). Devido à sua importância ecológica e às suas aplicações biotecnológicas, os bacilos desempenham um papel fundamental em vários ecossistemas e têm um grande potencial biotecnológico. Muitos bacilos, especialmente as espécies produtoras de ácido lático, são membros essenciais do microbioma intestinal humano e animal, contribuindo para os processos digestivos, a absorção de nutrientes e a regulação do sistema imunitário (Giraffa et al., 2010). Alguns bacilos, como as espécies de *Bacillus*, formam relações benéficas com as plantas, fornecendo compostos que promovem o crescimento ou protegem contra agentes patogénicos (Beneduzi et al., 2012). Os bacilos também são amplamente utilizados na produção de alimentos fermentados, probióticos, enzimas, biocombustíveis, e outros produtos biotecnológicos valiosos (Schallmey et al., 2004).

4.3.1- Encomendar *Bacillales*

4.3.1.1- -Família *Bacillaceae*

Bacillaceae é um membro da ordem *Bacillales,* que está classificada no filo Firmicutes e é composta por Bacilos. Estas bactérias distinguem-se pela sua capacidade de produzir endosporos. São aeróbios obrigatórios, obtendo a maior parte da sua energia através da respiração aeróbia. A sua capacidade de formar endosporos resistentes permite-lhes sobreviver em condições ambientais adversas. Têm capacidades metabólicas notáveis e encontram-se numa grande variedade de ambientes. Algumas espécies podem promover o crescimento das plantas, quer fixando o azoto atmosférico, quer produzindo compostos de crescimento (Logan & Vos, 2009 ; Vaishampayan, 2010).

Em termos de importância ecológica e de aplicações biotecnológicas, *as Bacillaceae* desempenham papéis ecológicos importantes e são de grande interesse biotecnológico. Certas espécies de Bacillus contribuem para a fertilidade do solo e a proteção das plantas (Vaishampayan et al., 2010; Yoon et al., 2007). Muitas espécies são também exploradas na produção de enzimas, biopesticidas, probióticos e biocombustíveis. Embora a maioria das *Bacillaceae* seja inofensiva, algumas espécies, como *B. anthracis* e *B. cereus*, podem causar doenças graves em seres humanos e animais (Becker et al., 2014). Os principais géneros, espécies e suas caracterizações são apresentados na Tabela 23.

Quadro 23 : Caraterísticas de alguns géneros importantes da família *Bacillaceae* :

Género	Caraterísticas
Bacilo	- Bastonetes Gram-positivos aeróbios, formadores de endosporos - Diversas capacidades metabólicas, incluindo respiração aeróbica, fermentação e degradação de compostos orgânicos complexos - Inclui espécies benéficas e patogénicas (por exemplo, B. *subtilis, B. cereus,*
Paenibacillus	- Intimamente relacionado com *Bacillus*, mas com algumas caraterísticas filogenéticas e diferenças fisiológicas - Capaz de formar endosporos - Conhecida pela fixação de azoto e pelas actividades de promoção do crescimento das plantas
Lysinibacillus	- Separado do género *Bacillus* com base na presença de diaminopimelic ácido na parede celular - Envolvido na degradação de compostos orgânicos complexos
	- Bastonetes Gram-positivos aeróbios, formadores de endosporos e

Anoxibacilos	termofílicos - Capazes de crescimento a altas temperaturas e na ausência de oxigénio- Fontes potenciais de enzimas termoestáveis para aplicações industriais

4.3.1.2- -Família das *Staphylococcaceae*

A família *Staphylococcaceae* pertence à ordem *Bacillales,* dentro da classe *Bacilli.* Esta família é representada principalmente pelo *género Staphylococcus,* cujas caraterísticas morfológicas e metabólicas estão descritas na Tabela X (Logan & Vos, 2009).

Morfologicamente, as bactérias desta família são cocos Gram-positivos, não esporulantes, geralmente dispostos em cachos que se assemelham a cachos de uvas. A sua parede celular é composta por peptidoglicano e pode conter ácido teicóico. São geralmente aeróbios ou facultativamente anaeróbios e podem utilizar uma grande variedade de fontes de carbono e energia, incluindo açúcares, ácidos orgânicos e aminoácidos (Otto, 2018). Algumas espécies são catalase-positivas e podem produzir ácido lático como produto da fermentação. No entanto, esta família contém espécies comensais, bem como os principais agentes patogénicos oportunistas em seres humanos e animais (Becker et al., 2014).

Tabela 24: Caraterísticas mais importantes do género *Staphylococcus*

Caraterísticas Género Staphylococcus	
Morfologia	Cocos Gram-positivos, não formadores de esporos, agrupados em arranjos semelhantes a uvas
Metabolismo	Aeróbio ou facultativamente anaeróbio, pode utilizar uma grande variedade de fontes de carbono
Habitat	Pele, vias nasais e membranas mucosas de seres humanos e animais
Espécies representativas	- *Staphylococcus aureus:* importante agente patogénico, produz numerosas toxinas - *Staphylococcus epidermidis*: espécie comensal, pode ser oportunista
Importância	- Patogenicidade (infecções cutâneas, septicemia, intoxicação alimentar) - Aplicações biotecnológicas (produção de enzimas, bioprodutos)

4.3.1.3. -Família *Listeria*

A família *Listeriaceae* também pertence à ordem *Bacillales*, dentro da classe *Bacilli*. Esta família é representada principalmente pelo género *Listeria* (Allerberger & Wagner, 2010). As suas caraterísticas morfológicas e metabólicas encontram-se detalhadas na tabela 25.

Morfologicamente, as bactérias da família *Listeriaceae* são bacilos Gram-positivos, não esporulados, geralmente móveis graças à presença de flagelos peritríquios (Farber & Peterkin, 1991). A sua parede celular é composta por peptidoglicano e pode conter ácido teicóico. *As Listeriaceae* são geralmente aeróbias e quimioorganotróficas, capazes de utilizar uma grande variedade de fontes de carbono, incluindo hidratos de carbono, aminoácidos e ácidos orgânicos (Vazquez-Boland et al., 2001). Algumas espécies podem crescer a temperaturas relativamente baixas, o que lhes confere a capacidade de crescer em ambientes refrigerados.

No entanto, o género Listeria é o maior da família *Listeriaceae*. Inclui várias espécies, sendo *a Listeria monocytogenes* a principal espécie patogénica para os seres humanos e os animais (Allerberger & Wagner, 2010).

As caraterísticas mais importantes do género *Listeria* são apresentadas no Quadro 25.

Tabela 25: Caraterísticas do género *Listeria* e das suas espécies

Caraterísticas	**Género Listeria**
Morfologia	Bastonetes Gram-positivos, não formadores de esporos, móveis
Metabolismo	Aeróbio, quimioorganotrófico, pode crescer a baixas temperaturas
Habitat	Ambiente (solo, águas residuais), produtos alimentares, microbiota animal
Espécies representativas	- *Listeria monocytogenes* : importante agente patogénico de origem alimentar, responsável pela listeriose - *Listeria innocua:* espécie não patogénica, frequentemente utilizada como modelo de estudo
Importância	- Patogenicidade (infecções graves, especialmente em populações vulneráveis) - Contaminação dos alimentos, grande preocupação em matéria de segurança alimentar

4.3.2- Ordem *Lactobacillales*

As bactérias da ordem *Lactobacillales* são bacilos ou cocos Gram-positivos, geralmente não esporulados, que produzem ácido lático como um único produto final ou intermédio. A sua parede celular é composta por peptidoglicano e pode conter ácidos teicóicos. Algumas espécies podem formar cadeias ou pares de células (Pot et al., 1994).

Além disso, *os Lactobacillales* são principalmente anaeróbios ou microaerófilos, com a produção de ácido lático como metabolito primário. Podem utilizar uma grande variedade de substratos, incluindo açúcares, aminoácidos e ácidos orgânicos, dependendo da espécie (Giraffa et al., 2010) Além disso, as bactérias da ordem *Lactobacillales* desempenham papéis essenciais em muitos ecossistemas. São intervenientes importantes na microbiota intestinal humana e animal, contribuindo para a digestão, a absorção de nutrientes e a regulação imunitária (Saavedra, 2001). Estão também envolvidos na fermentação de muitos alimentos e bebidas, tais como produtos lácteos, carnes frias e bebidas alcoólicas (Jézéquel et al., 2013).

As famílias e géneros mais importantes de *Lactobacillales* são apresentados no quadro 26.

Tabela 26: Caraterísticas de alguns géneros importantes da ordem *Lactobacillales* :

Família Géneros	Morfologia	Metabolismo	Caraterísticas
Lactobacillaceae *Lactobacilos*	Em forma de haste, não esporulado	anaeróbio facultativo, lático fermentação ácida	Muito utilizado no iogurte, no queijo e noutros alimentos fermentados. Conhecidos pelos seus benefícios para a saúde como probióticos.
Leuconostoque	Cocóide a em forma de bastonete, não móvel	Produção heterofermentativa, de CO2 e de ácido lático	Envolvido na fermentação da couve em chucrute, massa fermentada e kefir. Melhora o sabor e a textura.
Pediococo	Coccus, não formadores de esporos, tétrades	Homofermentativo, produção de ácido lático	Utilizado na fermentação de enchidos, queijo e produção de cerveja azeda.
Streptococcaceae *Streptococcus*	Coccus, cadeias	Fermentação anaeróbica facultativa de ácido	Inclui S. thermophilus para iogurte e queijo. Algumas espécies são patogénicas.

		lático	
Lactococos	Coccus, pares ou cadeias	Homofermentativo, produção de ácido lático	Utilizado no fabrico de queijo (por exemplo, cheddar, gouda).
Enterococcaceae	Coccus, pares ou	Facultativo	Utilizado em queijos, indicadores de
Enterococcus	cadeias curtas	fermentação anaeróbica do ácido lático	qualidade da água, potenciais agentes patogénicos.
Leuconostocaceae *Weissella*	Coccóide a rochoso com forma, não móvel	Heterofermentativo, ácido lático, ácido acético, etanol, produção de CO2	Envolvido em vários processos de fermentação, investigados pelas suas propriedades probióticas.
Carnobacteriaceae	Em forma de haste,	Facultativo	Encontrado na carne e nos produtos lácteos;
Carnobactéria	não esporulado, móvel	fermentação anaeróbica do ácido lático	utilizado para biopreservação e probióticos

5.- Filo *Actinobacteria*

As actinobactérias são bactérias Gram-positivas que apresentam uma diversidade excecional e actividades fisiológicas e ecológicas muito elevadas com aplicações biotecnológicas essenciais (Barka et al., 2016). Muitos actinomicetos incluem o desenvolvimento de células filamentosas, chamadas hifas, e esporos. Quando crescem num substrato sólido, como o solo ou o ágar, os actinomicetos desenvolvem uma rede de hifas ramificadas. Além disso, o filo Actinomycetes é vasto e muito complexo. O Bergey classifica filogeneticamente as bactérias ricas em G+C utilizando dados de 16S rRNA. O filo *Actinobacteria* contém os seus parentes ricos em GC, inclui uma classe, cinco subclasses, seis ordens, 14 subordens e 44 famílias (Goodfellow, 2012). As relações filogenéticas entre a ordem e a família das actinobactérias são apresentadas na Figura 9.

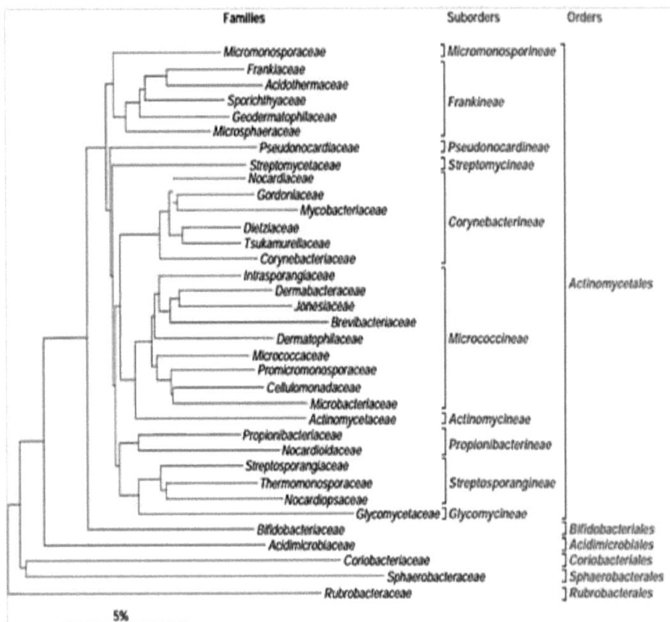

Figura 09: São apresentadas as relações filogenéticas entre ordens, subordens e famílias do filo *Actinobacteria* com base em dados de 16S rRNA. (Willey et al., 2008).
A barra representa 5 substituições de nucleótidos por 100 nucleótidos.

5.1. Caraterísticas morfológicas

As actinobactérias apresentam as mais diversas morfologias: desde cocos e bacilos até filamentos complexos ou micélios. Na maioria das espécies, é a ação dos esporos que explica a sua resistência às condições ambientais mais adversas (figura 10). A parede celular é normalmente composta por peptidoglicano. Pode incluir outros componentes estruturais únicos, como os ácidos micólicos (Bergey, 1989).

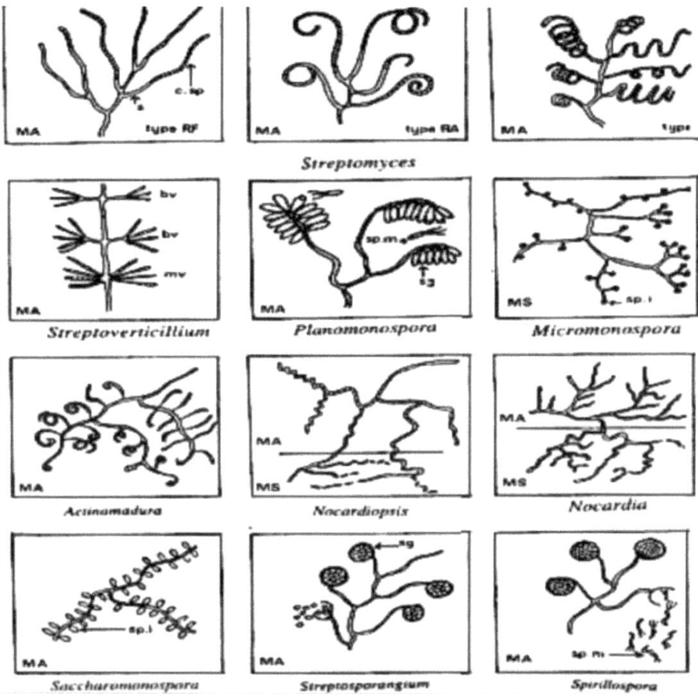

Figura 10: Micromorfologia dos principais géneros de actinomicetos (In Bergey, 1989).
MA, micélio aéreo; MS, micélio do substrato; RF, Rectus Flexibilis (cadeias rectas de esporos em flexuosas); RA, Retinaculum Apertum (cadeias em forma de gancho ou de laço fechado); S, Spira (cadeias em espiral); s, esporóforo; vs. sp.; cadeias de esporos; sp. i.; esporos isolados; sp. m.; esporos móveis; sg.,esporângios.

5.2. -Caraterísticas fisiológicas

As actinobactérias são geralmente aeróbios, mas algumas são anaeróbios facultativos ou estritos. São heterotróficas, mas algumas espécies são quimiotróficas. A maioria é capaz de utilizar uma grande variedade de fontes de energia e também de produzir substâncias específicas como a geosmina e o 2 metil isoborneol, que são responsáveis pelo odor caraterístico do húmus dos solos (Zaitlin et al. , 2003). A maioria prefere um pH neutro ou ligeiramente alcalino (6,8-8). São geralmente mesófilos, outros são termofílicos (50°C) e podem ir até 60°C (Kroppenstedt e Goodfellow, 2006).

5.3. -Papéis e aplicações ambientais

As actinobactérias encontram-se em muitos ecossistemas, desde o solo até aos ambientes aquáticos, e desempenham também um papel fundamental no microbioma humano. Sabe-se que as estirpes são activas na degradação de matéria orgânica recalcitrante, fixam azoto e produzem uma vasta gama de metabolitos secundários, incluindo vários antibióticos clinicamente importantes, agentes antineoplásicos e outros compostos bioactivos (Barka et al., 2016). Numerosas aplicações do domínio biotecnológico utilizam fortemente as Actinobactérias, por exemplo: produção de enzimas, biocombustíveis e bioprocessamento.

Tabela 27: Caraterísticas dos géneros mais importantes de *Actinobacteria* :

Género	Morfologia	G+C Oxigénio	Outros Distintivo	Caraterísticas da relação de conteúdo
Actinomycetaceae *Actinomicetos*	filamentos, formação de esporos	55-70%	Facultativamente anaeróbio	Agentes patogénicos oportunistas
Bifidobacteriaceae *Bifidobactérias*	Hastes irregulares, por vezes ramificadas	42-67%	Anaeróbio	Comensal do microbiota intestinal
Corynebacteriaceae *Corynebacterium*	Em forma de haste,	46-74%	Aeróbico	Algumas espécies são patogénicas
Micrococcaceae *Micrococcus*	Cocos dispostos em tétrades	60-75%	Aeróbico	Pigmentado, biquito no ambiente
Mycobacteriaceae *Mycobacterium*	Varetas resistentes a ácidos e álcool	57-69%	Aeróbico	Agentes patogénicos como o M. tuberculosis e o M. leprae
Nocardiaceae *Nocardia*	Fragmentado, filamentos	64-70%	Aeróbico	Alguns são agentes patogénicos oportunistas
Propionibacteriaceae *Propionibacterium*	Hastes com ramificações em forma de Y	53-67%	Anaeróbio	Envolvido na fermentação do propionato
Streptomycetaceae *Streptomyces*	Filamentos ramificados, formadores de esporos	69-73%	Aeróbico	Produtores de numerosos metabolitos secundários

CAPÍTULO IV

Filo De *Proteobactérias*

1-Filo *Proteobactérias*

1- 1.- Introdução

As proteobactérias constituem um dos filos mais importantes e mais estudados do domínio *Bacteria.* Este vasto grupo reúne uma grande diversidade de bactérias com morfologias, metabolismos e nichos ecológicos variados. Com base na comparação de sequências de 16S rRNA, o filo *Proteobacteria* é considerado monofilético e dividido nas classes principais *Alphaproteobacteria, Betaproteobacteria, Gammaproteobacteria, Deltaproteobacteria e Epsilonproteobacteria* (Brenner et al., 2005) (Figura 11). Cada uma destas classes reúne ordens que constituem o maior e mais diversificado grupo de bactérias; atualmente existem mais de 500 gerações.

As proteobactérias apresentam uma grande diversidade de formas, desde bacilos e cocos até formas mais complexas, como espirilas e bactérias fotossintéticas. A sua parede celular é do tipo Gramnegativo, composta por uma fina camada de peptidoglicano rodeada por uma membrana externa (Brenner et al., 2005).

As proteobactérias colonizam uma grande variedade de habitats, como o solo, a água e os hospedeiros animais e vegetais. Desempenham papéis essenciais em muitos processos ecológicos, como a fixação de azoto, a degradação da matéria orgânica, a produção de energia por quimio ou fotossíntese e a patogenicidade em seres humanos, animais e plantas (Garrity et al., 2005).

Ecologicamente, as Proteobactérias ocupam uma grande variedade de habitats terrestres, aquáticos e hospedeiros vivos. Desempenham papéis cruciais em muitos processos biogeoquímicos, como os ciclos do carbono, do azoto, do enxofre e dos metais pesados (Williams et al., 2010). Alguns géneros, como *Rhizobium, Azotobacter* e *Nitrosomonas*, estão envolvidos na fixação de azoto e na nitrificação. Outros, como *Pseudomonas*, *Xanthomonas* e *Agrobacterium*, são importantes agentes patogénicos para as plantas (Madigan et al., 2015).

No entanto, as Proteobactérias também incluem muitos agentes patogénicos humanos e animais notáveis, como Escherichia, Salmonella, Vibrio, Helicobacter e Neisseria (Brenner et al., 2005).

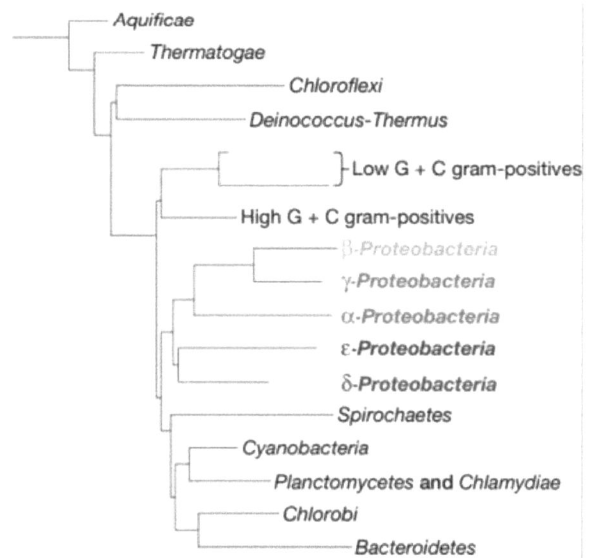

Figura 11: Relações filogenéticas entre as cinco classes do filo Proteobacteria e os seus filos próximos entre os procariotas

2- Classe *alfa-Proteobacteria*

As alfa-proteobactérias constituem uma das principais classes do filo Proteobacteria. Incluem numerosas bactérias Gram-negativas que exibem uma grande diversidade morfológica e metabólica. Algumas são bacilos rectos ou curvos, enquanto outras adoptam formas espirais, vibrióides ou irregulares. Muitas alfa-proteobactérias são móveis graças a flagelos polares ou peritríquios (Madigan et al., 2015).

Ecologicamente, colonizam uma grande variedade de ambientes terrestres, aquáticos e hospedeiros vivos. Alguns géneros importantes como *Rickettsia, Orientia, Anaplasma* e *Ehrlichia* são agentes patogénicos intracelulares obrigatórios que afectam os seres humanos e os animais (Oren, 2014). Outros, como *Rhizobium, Bradyrhizobium e Azorhizobium*, formam simbioses fixadoras de azoto com plantas leguminosas. Os géneros *Agrobacterium, Sinorhizobium* e *Mesorhizobium* incluem agentes patogénicos fitobacterianos (Madigan et al., 2015).

Além disso, as *alfa-proteobactérias* apresentam uma grande diversidade metabólica, sendo capazes de quimioautotrofia, quimioheterotrofia, fotoheterotrofia e metanotrofia. Desempenham papéis cruciais nos ciclos biogeoquímicos do carbono, azoto e enxofre. Alguns géneros como *Nitrobacter* e *Nitrosomas* estão envolvidos na nitrificação (Oren, 2014).

Apesar da sua diversidade, as alfa-proteobactérias partilham algumas caraterísticas comuns, tais como uma parede celular Gram-negativa, a ausência de flagelos laterais e a presença de ubiquinonas e ácidos gordos ciclopropânicos (Madigan et al., 2015). A sua importância ecológica e patogénica torna-os um dos principais grupos bacterianos. Os géneros mais importantes desta classe são apresentados na Tabela 28.

Tabela 28: Caraterísticas dos géneros de alfa-proteobactérias selecionados

Género	Morfologia	G+C	Genoma	Oxigénio	Outras caraterísticas distintivas

		(%)	(Mb)	Relacionamento	
Rhizobium	Varas	59-63	5-7	Aeróbico	Fixação do azoto, simbiose com leguminosas
Caulobacter	Varões curvos	67-69	4-5	Aeróbico	Ciclo de vida complexo, reprodução por brotamento
Azospirillum	Spirillum varas em forma de - shaped	68-70	4-5	Facultativamente aeróbico	Fixação do azoto, promoção do crescimento das plantas
Sphingomonas	Varas curtas	65-67	4-5	Aeróbico	Degradação de compostos aromáticos, produção de polímeros
Bradyrhi-zobium	Varas	62-65	8-9	Aeróbico	Fixação do azoto, simbiose com leguminosas
Paracoccus	Cocci	65-70	2-3	Facultativamente aeróbico	Desnitrificação, adaptação ao stress ambiental

3- Classe Beta *-Proteobactérias*

A classe *Beta-proteobacteria* é uma das cinco classes principais do filo Proteobacteria. Este grupo inclui um grupo diversificado de bactérias com uma vasta gama de capacidades metabólicas e papéis ecológicos (Garrity et al., 2005). Esta classe está dividida em várias ordens, incluindo *Burkholderiales, Neisseriales, Nitrosomonadales, Rhodocyclales* e outras. Alguns dos géneros mais conhecidos e estudados dentro desta classe incluem *Burkholderia, Polaromonas, Methylophilus*, Neisseria e Ralstonia (Brenner et al., 2005). Além disso, as bactérias desta classe apresentam uma variedade de morfologias, ocorrendo maioritariamente como bastonetes e cocos. Muitas espécies são móveis e utilizam flagelos para se locomoverem. A estrutura da parede celular é típica das bactérias Gram-negativas, com uma fina camada de peptidoglicano rodeada por uma membrana externa (Brenner et al., 2005). Além disso, apresentam uma vasta gama de capacidades metabólicas. Muitas são aeróbias ou, opcionalmente, anaeróbias, e são capazes de utilizar uma variedade de compostos orgânicos como fontes de carbono e energia. Alguns géneros, como o Nitrosomonas, são quimioautotróficos, oxidando compostos inorgânicos como o amoníaco para produzir energia (Garrity et al., 2005). Além disso, desempenham papéis importantes em vários ecossistemas. Algumas espécies participam no ciclo do azoto, participando em processos de nitrificação ou desnitrificação. Outras são conhecidas pela sua capacidade de degradar compostos xenobióticos, o que as torna valiosas para aplicações de bioremediação. Algumas beta-proteobactérias são também reconhecidas como agentes patogénicos oportunistas, causando infecções em seres humanos, animais e plantas (Brenner et al., 2005).

Os géneros mais importantes desta classe são apresentados no quadro 29.

Quadro 29 Caraterísticas dos géneros de beta-proteobactérias selecionados

Género	Morfologia	G+C (mol%)	Genoma	Oxigénio Relacionamento	Outras caraterísticas distintivas
Burkholderia	Varas	66-68	6-9	Aeróbico	Agentes patogénicos oportunistas, degradação de compostos orgânicos
Polaromonas	Varas	62-65	4-5	Aeróbico	Psicrófilos, degradação de compostos aromáticos
Metilófilo	Varas	50-52	3-4	Aeróbico	Metabolismo do metanol, papel no ciclo do carbono
Neisseria	Cocci	52-54	2-3	Aeróbico	Agentes patogénicos humanos, comensais

					das membranas mucosas
Nitrosomonas	Varas	50-52	3-4	Aeróbico	Oxidação do amoníaco, papel no ciclo do azoto
Ralstonia	Varas	66-68	5-6	Aeróbico	Agentes patogénicos para as plantas, degradação de xenobióticos

4- Classe Gamma -*Proteobacteria*

A classe *Gamma-proteobacteria* é a maior e mais diversificada dentro do filo *Proteobacteria* (Brenner et al., 2005). Esta classe está dividida em várias ordens, como *Enterobacteriales, Pseudomonadales, Vibrionales, Xanthomonadales* e outras. Inclui géneros bem conhecidos e amplamente estudados, como *Escherichia, Salmonella, Vibrio, Pseudomonas e Xanthomonas* (Garrity et al., 2005). Relativamente às caraterísticas morfológicas, os membros desta classe apresentam uma grande diversidade de formas, desde bacilos e cocos simples até formas mais complexas em espiral ou curvas. Muitas espécies são móveis e utilizam flagelos para se deslocarem (Brenner et al., 2005).

As bactérias da família Gamma-proteobacteria apresentam uma diversidade metabólica excecional. Podem ser aeróbias, anaeróbias ou opcionalmente anaeróbias, e podem utilizar uma vasta gama de compostos orgânicos e inorgânicos como fontes de carbono e energia. Alguns géneros, como *Pseudomonas,* são conhecidos pela sua capacidade de degradar uma vasta gama de compostos, incluindo xenobióticos (Garrity et al., 2005).

Além disso, as gama-proteobactérias estão omnipresentes em diversos ambientes, incluindo o solo, a água e o microbioma humano/animal. Desempenham papéis essenciais em muitos processos ambientais, como os ciclos do carbono, do azoto e do enxofre. Muitas delas são também conhecidas por serem agentes patogénicos importantes, causando infecções em seres humanos, animais e plantas (Brenner et al., 2005).

Os géneros mais importantes desta classe são apresentados no quadro 30.

Tabela 30: Caraterísticas dos géneros selecionados de Gamma-Proteobacteria

Género	**Morfologia**	**G+C (mol%)**	**Genoma Tamanho (Mb)**	**Oxigénio Relacionamento**	**Outras caraterísticas distintivas**
Escherichia	Varas	50-52	4-5	Facultativamente anaeróbio	Comensal e patogénico, organismo modelo
Salmonela	Varas	52-54	4-5	Facultativamente anaeróbio	Agentes patogénicos entéricos que causam a salmonelose
Vibrio	Hastes curvas, espirais	38-51	3-5	Facultativamente anaeróbio	Bactérias marinhas, algumas espécies patogénicas
Pseudomonas	Varas	58-67	4-7	Aeróbico	Metabolicamente versáteis, patogénicos oportunistas
Xanthomonas	Varas	63-65	4-5	Aeróbico	Patógenos de plantas, produção de goma xantana
Acinetobacter	Cocos, bastonetes	38-47	3-4	Aeróbico	Agentes patogénicos oportunistas omnipresentes e emergentes
Shewanella	Varas	44-52	4-5	Facultativamente anaeróbio	Redutor de metais, potencial para bioremediação

5- Classe Epsilon *-Proteobactérias*

A classe *Epsilon-proteobacteria* é uma parte integrante do filo *Proteobacteria*. Embora seja a mais pequena das cinco classes de *Proteobacteria*, tem papéis importantes em vários ambientes, incluindo como agentes patogénicos e bactérias quimioautotróficas em ecossistemas marinhos (Brenner et al., 2005): *Campylobacterales* e Nautiliales. Os géneros mais representativos desta classe são *Campylobacter, Helicobacter, Arcobacter, Sulfurimonas, Nitratiruptor, Sulfurovum e Nautilia*, apresentados na Tabela 31 (Garrity et al., 2005).

Relativamente às caraterísticas morfológicas, os membros desta classe têm geralmente uma morfologia curva, espiralada ou em forma de vibrião (Brenner et al., 2005). Para além disso, estas bactérias apresentam uma grande diversidade metabólica. Algumas são microaerófilas, outras são quimioautotróficas anaeróbias, utilizando compostos inorgânicos como o S ou o H2 como fontes de energia. (Garrity et al., 2005).

No entanto, este grupo desempenha um papel fundamental em diversos ambientes. Algumas espécies são conhecidas por serem patogénicas, causando infecções gastrointestinais em seres humanos e animais. Outras são encontradas em ambientes extremos, como as fontes hidrotermais oceânicas (Brenner et al., 2005).

Tabela 31: Caraterísticas dos géneros selecionados de *Epsilon-Proteobacteria*

Género	Morfologia	G+C (mol%)	Genoma (Mb)	Oxigénio Relacionamento	Outras caraterísticas distintivas
Desulfovibrio	Espirilla em forma de vibrio	53-66	3-4	Anaeróbio	Bactérias redutoras de sulfato, envolvidas na biocorrosão
Bdellovibrio	Predador em forma de vibrio	49-51	3-4	Aeróbio, microaerófilo	Bactérias predadoras que atacam outras bactérias Gramnegativas
Myxococcus	Hastes, motilidade de deslizamento	67-71	9-10	Aeróbico	Comportamento multicelular, formação de corpos de frutificação
Geobacter	Varas	58-59	4-5	Anaeróbio, microaerófilo	Bactérias redutoras de metais, importantes na bioremediação
Desulfuromonas	Varas	60-62	3-4	Anaeróbio	Bactérias redutoras de enxofre , envolvidas no ciclo de metais
Lawsonia	Varões curvos	44-45	4-5	Anaeróbio	Patogénico, causa enteropatia proliferativa em suínos

6- Classe *Delta -Proteobactérias*

A classe Deltaproteobacteria é uma parte integrante do filo Proteobacteria. Embora sejam relativamente menos conhecidas do que outras classes de Proteobacteria, albergam bactérias que desempenham papéis ecológicos importantes, particularmente nos ciclos biogeoquímicos e em interações microbianas complexas (Brenner et al., 2005). Está dividida em várias ordens, tais como *Desulfuromonadales, Desulfobacterales, Bdellovibriionales* e *Myxococcales*. Alguns dos géneros mais representados são *Desulfovibrio, Bdellovibrio, Myxococcus, Geobacter e Desulfuromonas* (Garrity et al., 2005) e são apresentados na Tabela 32.

Relativamente às caraterísticas morfológicas, esta classe apresenta uma variedade de morfologias, incluindo formas de vibrião, espiral, bastonete e concha. Alguns géneros, como *Myxococcus*, são móveis e capazes de se deslocar por deslizamento (Brenner et al., 2005). Para além disso, estas bactérias apresentam uma vasta gama de capacidades metabólicas. Algumas são anaeróbias, como as bactérias redutoras de sulfato do género *Desulfovibrio*, enquanto outras são aeróbias ou microaeróbias (Garrity et al., 2005).

Além disso, estas bactérias desempenham funções cruciais em diferentes sistemas ecológicos e desempenham um papel crucial na decomposição da matéria orgânica, nas interações predador-presa e na erosão biológica, entre outros processos ecológicos importantes (Brenner et al. 2005).

Tabela 32: Caraterísticas dos géneros selecionados de Delta-Proteobacteria

Género	Morfologia	G+C (%)	Genoma (Mb)	Oxigénio Relacionamento	Outras caraterísticas distintivas
Campylobacter	Hastes espirais e curvas	30 36	1-2	Micro-erófilo	Patogénico, uma das principais causas de gastroenterite nos seres humanos
Helicobacter	Hastes espirais e curvas	34 41	1-2	Microa erófilos	Patogénico, causa gastrite e úlceras pépticas em humanos
Arcobacter	Hastes curvas e em espiral	27 30	2-3	Aeróbio, microa erófilo	Agente patogénico emergente, encontrado em alimentos e fontes de água
Sulfurimonas	Varões curvos	35 37	2-3	Quimiolitoautotrófico, anaeróbio	Bactérias oxidantes de enxofre, encontradas em ambientes marinhos
Nitratiruptor	Varões curvos	35 36	1-2	Quimiolitoautotrófico, anaeróbio	Bactérias redutoras de nitratos, isoladas de fontes hidrotermais de águas profundas
Sulfurovum	Varões curvos	40 42	2-3	Quimiolitoautotrófico, microaeróbio	Bactérias oxidantes de enxofre, encontradas em sedimentos marinhos e fontes hidrotermais

CAPÍTULO V

Principais filos De *Archaea*

1-Introdução

Archaea, um antigo grupo de procariotas chamado archeabacteria, é um domínio que forma um dos três domínios da vida, incluindo Bacteria e Eukarya (Woese et al., 1990). Originalmente, acreditava-se que eram extremófilos altamente especializados, as arqueas foram encontradas numa grande variedade de ambientes, desde solos a oceanos e até no intestino humano (Spang et al., 2015; Hug et al., 2016; Raymann et al., 2017).

As arqueas são também organismos procariotas, tal como as bactérias, mas possuem várias caraterísticas únicas que as diferenciam das bactérias. Entre as caraterísticas que parecem ser únicas e diferentes estão a natureza estranha e diversa da estrutura das paredes celulares, a composição em lípidos das membranas e os mecanismos de processamento de informação que são mais semelhantes aos eucariotas (Albers e Meyer, 2011; Koga e Morii, 2007;).

A análise filogenética revelou mais tarde que as arqueias divergiram cedo das bactérias e dos eucariotas para formar um domínio de vida independente (Spang et al., 2015). Esta diversidade de capacidades metabólicas, juntamente com os muitos tipos de adaptações ecológicas caraterísticas das arqueias, incluindo metanogénios, halófilos, termófilos e um grande número de outros grupos especiais (Leigh et al., 2011; Bonch-Osmolovskaya et al., 2018),

Desenvolvimentos recentes em abordagens independentes de cultivo, incluindo metagenómica e genómica de célula única, contribuíram para a descoberta de muitas famílias de arqueas anteriormente não identificadas, expandindo o nosso conhecimento das relações evolutivas e funções ecológicas destes microrganismos (Hug et al., 2016; Parks et al., 2017).
A importância das arqueas nas aplicações biotecnológicas, nos ciclos biogeoquímicos globais e na nossa compreensão da árvore da vida está a tornar-se mais amplamente reconhecida (Bonch-Osmolovskaya et al., 2018; Castelle & Banfield, 2018).

2. estrutura geral das arqueias

As archaea são microrganismos unicelulares e morfologicamente semelhantes às bactérias, pelo que foram inicialmente incluídas entre os procariontes. Atualmente, *as Archaea* e *as Bacteria* são classificadas como taxa separados. A sua distinção é consistente com a observação de que cada uma delas possui qualidades distintas e individuais. Algumas delas estão resumidas na tabela 33.

Tabela 33: Comparação de células bacterianas e arqueas. (Albers e Meyer, 2011; Willey et al.,
2019)

Caraterística	Archaea	Bactérias
Envelope celular	- Diversas estruturas da superfície celular (Slayers, glicoproteínas, pseudopeptidoglicanos) Não possuem uma parede celular rígida de peptidoglicano	- Parede celular típica de uma bactéria Gram-positiva ou Gram-negativa composta por peptidoglicano
Membrana celular Lípidos	- Os lípidos isoprenóides ligados ao éter proporcionam uma maior estabilidade e resistência a condições adversas	- Ácidos gordos de cadeia linear ligados a ésteres
Genoma estrutura	- Genomas mais pequenos (0,5-5,8 Mbp) -DsDNA circular - Mais compacto, com menos não regiões de codificação	- Geralmente, os genomas maiores (1-10 Mbp) -ADN circular de cadeia dupla (ds) - Regiões não-codificantes mais extensas
Plasmídeos presentes	dsDNA circular	dsDNA circular e linear
Genética Informações Processamento	- Mais semelhantes a eucariotas (e.g., histonas, proteínas de ligação TATA, RNA polimerases),	- Mais procariontes (por exemplo, ausência de histonas, mais simples máquinas de transcrição/tradução)
Número de RNA polimerases	Muitos	Apenas um
Principais reprodutivo estratégia	-Fissão binária -Budding -Fragmentação	-Fissão binária, -Budding -Fragmentação, -Formação de esporos
Metabolismo	- quimiolitoautotróficos, heterotróficos, metanogénicos, etc. - Adaptado a ambientes extremos (temperatura elevada, pH baixo, salinidade elevada, etc.)	Também diversas capacidades metabólicas, mas geralmente menos adaptados a condições extremas condições

As caracterizações mais importantes das archaea são as seguintes:

2.1. Morfologia das arqueas

A maioria das archaea tem uma organização celular simples, Gram-positiva ou Gram-negativa. Podem ser esféricas, em forma de bastonete, espiraladas, lobadas, em forma de placa, irregulares ou pleomórficas, com um tamanho que varia de 0,1 a mais de 15 µm. Algumas delas podem ser células individuais, enquanto outras formam filamentos (200 µm de comprimento) ou agregados (Chaban et al., 2006).

2.2. Estrutura da parede celular

As paredes celulares das arqueas, particularmente as classificadas como Gram negativas ou

Gram-negativas, apresentam composições diferentes das paredes celulares das bactérias, baseadas em peptidoglicanos. As paredes celulares têm composições únicas, incluindo pseudopeptidoglicano, glicoproteínas e macromoléculas especializadas. Estas estruturas são essenciais para a sua sobrevivência, integridade estrutural e interações das arqueas nos seus diversos e frequentemente extremos habitats ambientais (Steenbakkers et al., 2006; Jarrell et al., 2014).Desempenham papéis muito importantes em muitos aspectos; por exemplo, integridade estrutural, sobrevivência e interação das arqueas nos seus diversos nichos ambientais extremos (Steenbakkers et al., 2006; Jarrell et al., 2014).

Os perfis da parede celular de diferentes arqueias estão ilustrados na Figura 12. Em geral, as arqueas têm uma parede celular semi-rígida e com várias camadas, composta por peptidoglicano, o que é comum nas bactérias. Em contraste, as arqueas possuem muitas caraterísticas de superfície celular que fornecem tanto forma como proteção. A parede celular é composta por:

2.2.1. A camada S é um invólucro celular externo composto por folhas de proteínas ou glicoproteínas bidimensionais e paracristalinas, formando uma estrutura regular, semelhante a uma rede, na superfície das células. Foi encontrada em muitas archaea. Esta camada pode ser encontrada em alguns metanogénios como *Methanococcus*, *Halophilus* como *Halobactirium*, e termófilos extremos como *Sulpholubus, Pyrodictum* (Figura 12). Para além disso, pode ser coberta por camadas adicionais fora da camada S, compostas por uma bainha proteica, como é o caso de *Methanosprillum,* ou protegida por uma camada de metanocondroitina em *Methanosarcina. Além disso,* em algumas arqueias como *Methanothermus* e *Methanopyrus*, a camada S é separada da membrana plasmática por uma pseudomureína, e está ausente em manchas gram positivas como *Methanobacterium e Halococcus* (Albers e Meyer, 2011).

2.2.2. Glicoproteínas

Muitas archaea Gram-negativas possuem glicoproteínas na parede celular. Por outras palavras, contêm proteínas ligadas covalentemente a hidratos de carbono. Além disso, essas glicoproteínas podem servir como estruturas da parede celular e estar envolvidas no reconhecimento (Jarrell et al., 2014). No entanto, as archaea Gram-positivas contêm frequentemente glicoproteínas como elementos estruturais primários das suas paredes celulares (Albers & Meyer, 2011) (Figura 12).

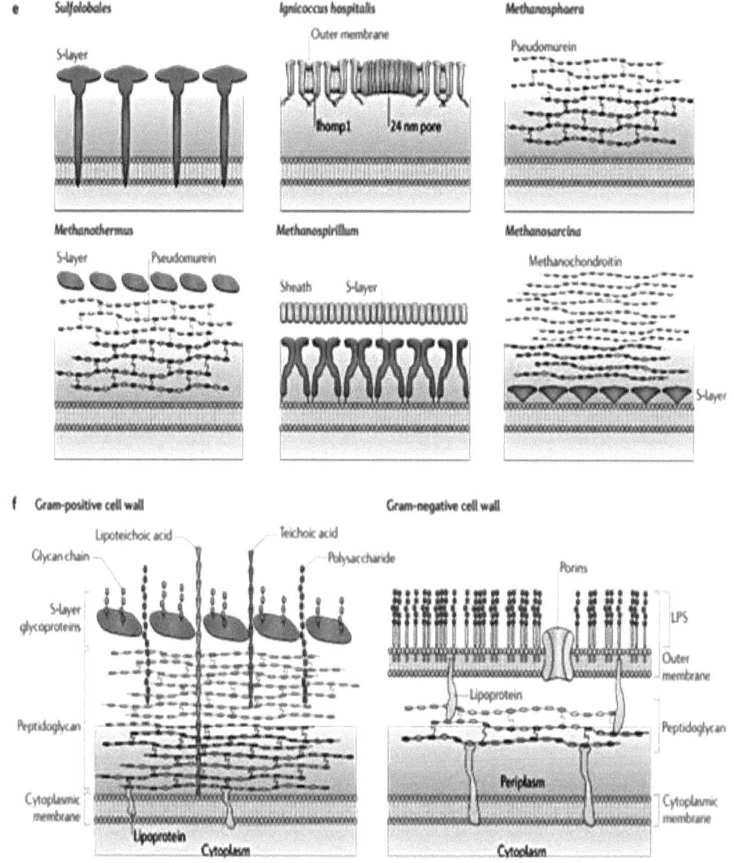

Figura 12: Perfis da parede celular de diferentes archaea (Albers. And Meyer, 2011). **e-** Perfis da parede celular de várias archaea, apresentados em vista lateral esquemática. O azul representa o espaço pseudoperiplásmico. **f)** Esquema da parede celular bacteriana: Em alguns casos, as glicoproteínas da camada superficial (**camada S**) (também conhecidas como mureína) estão presentes como camada final acima do peptidoglicano das bactérias Gram-positivas, que têm como parede celular uma cobertura espessa, amorfa e multicamada de peptidoglicano, ácido teicóico e lipoteicóico.

As bactérias Gram-negativas têm uma membrana externa assimétrica composta por duas camadas: uma camada contendo lipopolissacarídeo (LPS) e a outra camada compreendendo fosfolípidos, uma substância semelhante a um gel. Camadas ; **CM**, citoplasmática

2.2.3. Pseudomureína

As paredes celulares das arqueas, em particular as classificadas como Gram-negativas ou Gram-negativas, apresentam uma composição diferente das paredes celulares das bactérias baseadas em peptidoglicano, que contém ácido N-acetilmurâmico ligado à d-Nacetilglucosamina (GlcNAc) via β-1,4, o componente estrutural do oligossacarídeo pseudomureína consiste em ácido l-N-acetiltalosaminurónico ligado à GlcNAc via β-1,3. Além disso, os d-aminoácidos estão ausentes da ponte de aminoácidos. Pelo contrário, é comum que a ponte intermédia seja constituída por três l-aminoácidos, nomeadamente ácido glutâmico, alanina e lisina. É interessante que, apesar da existência de uma via biossintética proposta para a pseudomureína nas arqueas, não existe homologia entre as proteínas produzidas pelas arqueas produtoras de pseudomureína e as proteínas bacterianas envolvidas na biossíntese e montagem do peptidoglicano (Figura 13). Esta ausência de semelhança sugere que as duas vias se formaram de forma independente. (Albers & Meyer, 2011; Willeyet al., 2019).

As archaea Gram-negativas classificadas no filo *Euryarchaeota* têm paredes celulares compostas por diferentes macromoléculas (Albers & Meyer, 2011), como cadeias de glicanos ligadas por ligações peptídicas, com variações na composição peptídica entre as diferentes espécies de archaea. Algumas arqueas Gram-negativas integram sulfolípidos nas suas paredes celulares, especialmente aquelas que se adaptaram para sobreviver em condições extremas. Estes sulfolípidos, que possuem grupos sulfato, ligados às suas cadeias lipídicas, oferecem estabilidade suplementar e defesa para a parede celular quando exposta a ambientes abrasivos (Koga & Morii, 2007).

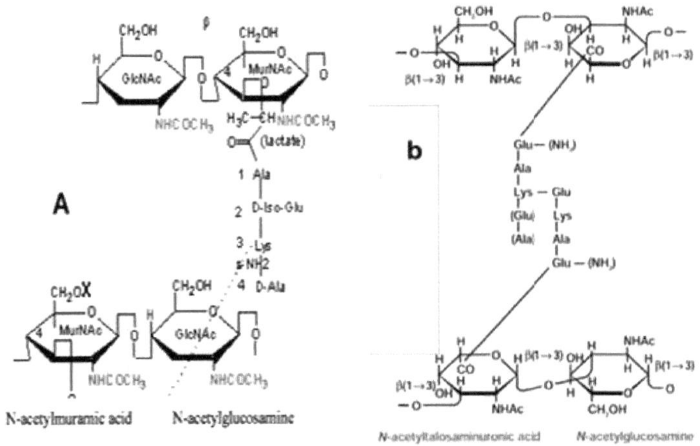

Figura 13: Diferença entre a composição do peptidoglicano (a) nas bactérias e da pseudomureína (b) nas arqueias (Willey et al., 2019)

Algumas archaea Gram-positivas do filo *Crenarchaeota* têm uma camada de parede celular conhecida como pseudomureína, em vez do peptidoglicano das paredes celulares das bactérias Gram-positivas (em contraste com o ácido N-acetilmurâmico e a N-acetilglucosamina presentes no peptidoglicano bacteriano, o ácido pseudourónico é composto por N-acetilglucosamina e ácido N-acetiltalosaminurónico, que estão unidos por ligações glicosídicas β-1,3 e β-1,4 (Willeyet al., 2019).

2.3. Lípidos e membranas das arqueas

O componente predominante das membranas das arqueas são os lípidos que contêm ligações éter, que se distinguem dos lípidos das bactérias e dos eucariotas formados por lípidos que contêm ligações éster. A membrana das arqueas é constituída por hidrocarbonetos que são cadeias de hidrocarbonetos compostas por cinco átomos de carbono e são ramificadas. Como ilustrado na figura 4.3, os hidrocarbonetos estão ligados ao glicerol através de ligações éter, em vez de ligações éster. Consequentemente, a fluidez e a permeabilidade da membrana são influenciadas pela forma como os lípidos se reúnem. Isto é particularmente crítico para as arqueas extremófilas, cuja permeabilidade e fluidez da membrana podem ser comprometidas por ambientes severos (Koga, 2012; Caforio e Driessen, 2017).

Em comparação com as ligações de ésteres, as ligações de éteres apresentam uma maior resistência ao ataque químico e ao calor. Foram identificadas duas categorias principais de lípidos arqueanos: os tetraéteres de di-glicerol e os diéteres de glicerol. O processo de formação dos lípidos di-éteres de glicerol envolve a ligação de dois hidrocarbonetos ao glicerol (figura 4.4). As cadeias de hidrocarbonetos nos diéteres de glicerol têm normalmente 20 átomos de carbono. A formação de lípidos tetraéteres de di-glicerol envolve a ligação de dois resíduos de glicerol através de dois hidrocarbonetos com 40 átomos de carbono (ver figura 4.4, lípidos 5 e 6) (Koga, 2012; Becker et al., 2016; Willey et al., 2019).

Além disso, as cadeias de tetraéteres são lípidos mais rígidos do que os diéteres. A sua ciclização em círculos pentacíclicos permite que as células modifiquem o comprimento total dos lípidos (Figura 13). Em geral, os lípidos diéteres e tetraéteres podem ligar grupos contendo fósforo, enxofre, aminoácidos e açúcares a unidades de glicerol, semelhantes aos fosfolípidos conhecidos por revestirem as membranas de bactérias e eucariotas.Além disso, podem formar-se duas variações estruturais dos lípidos das membranas das arqueas: uma membrana em bicamada formada por diéteres C20 que produz um núcleo hidrofóbico com duas superfícies hidrofílicas (ver Figura 14) e uma membrana em monocamada, que apresenta uma rigidez significativamente maior, quando a membrana é composta por tetraéteres C-40 (ver Figura 14). Além disso, a incorporação de anéis pentacíclicos permite aumentar esta rigidez. A composição da membrana de termófilos extremos consiste principalmente em monocamadas de tetraéteres, consistente com seu requisito inerente de estabilidade (Koga, 2012; Becker et al., 2016; Willey et al., 2019).

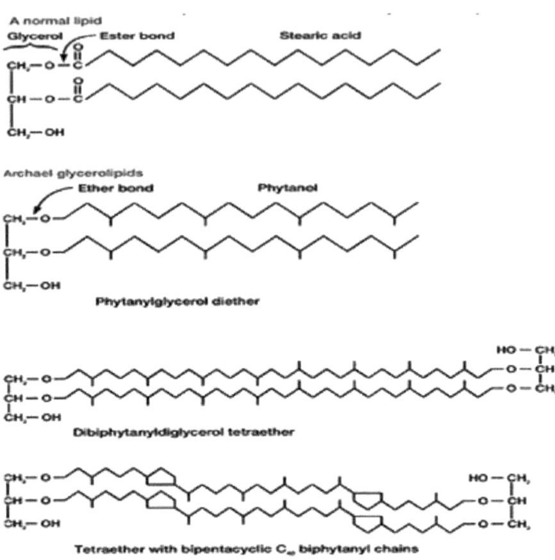

Figura 13: Exemplos de membranas plasmáticas de arqueas (John et al., 2003)

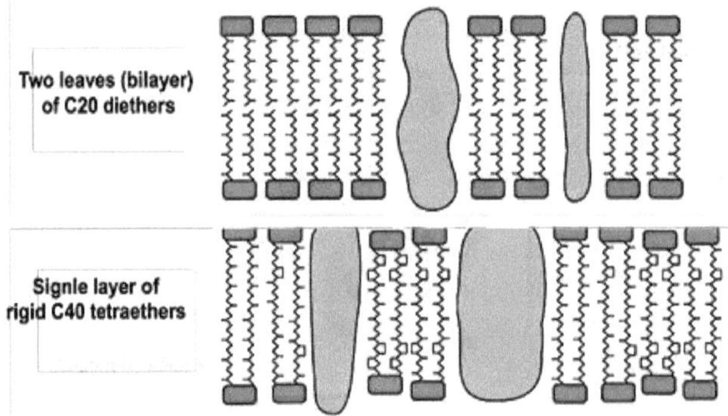

Figura 14: Exemplos de membranas encontradas em archaea. (a) Uma bicamada de diéteres C20 está ligada a uma membrana que contém proteínas integrais. b) As proteínas internas e os tetraéteres C40 constituem uma monocamada rígida (John et al., 2003).

Por outro lado, as membranas das arqueas também contêm outros lípidos polares, como fosfolípidos, sulfolípidos e glicolípidos (Becker et al., 2016).

No caso dos lípidos não polares, as arqueas podem integrar lípidos não polares adicionais, como hidrocarbonetos isoprenóides, incluindo hopanóides pentacíclicos e esqualenos, nas suas membranas celulares, para além das cadeias de bifenilo. Para além de contribuírem potencialmente para as propriedades das membranas, estes lípidos não polares mais complexos podem também estar envolvidos em processos celulares como o transporte de electrões, a sinalização e outros (Jain et al., 2014).

Nos últimos anos, foram descobertos lípidos não polares derivados do butanetriol e do pentanetriol em grupos arqueanos específicos, incluindo a arqueia metanogénica

Methanomassiliicoccus luminyensis. A identificação destas estruturas lipídicas singulares indica a capacidade contínua das arqueas para sintetizar uma grande variedade de constituintes de membrana não polares (Becker et al., 2016).

3 Fisiologia e diversidade metabólica das archaea

Fisiologicamente, as arqueas são aeróbias, anaeróbias facultativas ou estritamente anaeróbias. Têm capacidades metabólicas muito diversas, desde quimioautotróficas a organotróficas, utilizando uma grande variedade de fontes de energia e de carbono, incluindo compostos inorgânicos, e adaptadas a ambientes extremos (temperaturas elevadas, pH extremo, salinidade elevada, etc.) (Madigan et al., 2015). Algumas arqueias têm uma via metabólica única, como a metanogénese (Thauer, 1998).

Certas arqueas utilizam a respiração anaeróbia como um processo metabólico único, como as *Halobacteriales* halofílicas, que podem utilizar aceitadores de electrões alternativos, como o sulfato ou o nitrato, em vez do oxigénio (Madigan et al., 2018).

No que diz respeito à diversidade metabólica, as arqueas apresentam uma vasta gama de capacidades metabólicas, incluindo quimiolitoautotrofia, heterotrofia e metanogénese, o que lhes permitiu colonizar uma grande variedade de nichos ambientais. Os principais tipos metabólicos das arqueas são os seguintes:

3.1. Quimiolitoautotrofia

Certas arqueias, incluindo membros específicos de *Thaumarchaeota* e *Crenarchaeota*, podem sobreviver exclusivamente de compostos inorgânicos para obter carbono e energia. As funções de ciclo biogeoquímico e as várias vias metabólicas de carbono e energia utilizadas por estas arqueias têm sido objeto de investigação recente (Offre et al., 2013; Kato et al., 2021). Por exemplo, algumas arquéias, incluindo *Thermococcales* oxidantes de hidrogênio e o *enxofre oxidante Sulfolobales* produzem energia oxidando compostos inorgânicos e utilizam dióxido de carbono como sua fonte exclusiva de carbono (Madigan et al., 2018).

3.2. -Heterotrofia

Embora a quimiolitoautotrofia seja predominante entre as archaea, certas archaea, especialmente as pertencentes aos *Euryarchaeota*, operam como heterótrofos utilizando uma vasta gama de hidratos de carbono, proteínas e lípidos como fontes de carbono e energia através da degradação de matéria orgânica complexa, como a quitina, a celulose e a lenhina (Goyal et al., 2022; Sousa et al., 2020).

3.3. -Metanogénese

Os metanogénios, reconhecidos como *Archaea* no filo *Euryarchaeota*, podem gerar metano como produto metabólico. Esta capacidade tem uma importância considerável no contexto do ciclo mundial do carbono (Madigan et al., 2018).

4 Organização e caraterísticas genómicas

Os genomas das arqueas têm geralmente entre 0,5 e 5,8 milhões de pares de bases, o que é mais pequeno do que os genomas das bactérias. Estes organismos possuem geralmente espaços intergénicos mais curtos e menos regiões não codificantes nos seus genomas (Charlebois & Doolittle, 1990). Além disso, possuem caraterísticas semelhantes às dos eucariotas, incluindo histonas, proteínas de ligação TATA e RNA polimerases). Além disso, os seus mecanismos moleculares de replicação, transcrição e tradução são semelhantes aos dos eucariotas e não aos das bactérias (Koonin, 2008).

Em termos de estrutura e organização do genoma, estes organismos podem possuir cromossomas lineares ou circulares, para além de componentes extracromossómicos como os plasmídeos. Tal como os eucariotas, muitas arqueias contêm intrões codificadores de proteínas nos seus genomas (Perler et al., 1992). A análise da genómica comparativa demonstrou que as arqueas apresentam um grau substancial de diversidade, marcado pela existência de linhagens filogenéticas únicas. Esta descoberta tem ramificações evolutivas significativas (Forterre, 2015).

Por outro lado, as archaea representam o domínio primordial da vida, uma vez que as suas origens abrangem milhares de milhões de anos (Woese et al. 1990). Demonstram taxas consideráveis de transferência lateral de genes, um processo que permite a rápida aquisição de novas capacidades metabólicas e adaptações (Nelson-Sathi et al., 2015).

5 Ecologia e papéis ambientais

As arqueas habitam diversos tipos de ambientes extremos, como sistemas térmicos quentes, lagos salinos, ambientes ácidos e anaeróbios (Auguet et al., 2010). As suas membranas altamente lipídicas, proficiências metabólicas e mecanismos de resistência ao stress permitem-lhes sobreviver em condições tão adversas (Valentine, 2007). Podem dominar as comunidades microbianas, ligando os microrganismos que contribuem, em grande medida, para a estrutura e o funcionamento do ecossistema (Cavicchioli, 2011). Um grande número de archaea são archaea extremófilas e observam-se a viver em locais onde a temperatura é muito elevada, o pH é baixo, os sais estão concentrados, ou locais que são completamente anóxicos (Borrel et., 2016). Além disso, muitas arqueias também habitam solos, água doce e ambientes marinhos com pH neutro e temperaturas moderadas, onde participam no ciclo de nutrientes e no fluxo de energia (Schleper, 2010). Nalguns habitats hipersalinos, as suas populações podem ser extremamente densas, fazendo com que a salmoura pareça vermelha com pigmentos de arqueias (Oren, 2014).

Além disso, as arquéias são atores importantes na circulação biogeoquímica, especificamente nos ciclos globais de nitrogênio, carbono e enxofre (Offre et al., 2013; Kuypers et al., 2018). Por exemplo, as arquéias metabolizadoras de enxofre, comumente observadas em fontes hidrotermais, são essenciais no processo de ciclagem de compostos de enxofre (Amend & Shock, 2001); as arquéias metanogênicas são importantes atores na degradação anaeróbica da matéria orgânica, produzindo metano como subproduto (Thauer et al, 2008); as archaea oxidantes de amoníaco (AOA), que se encontram em muitos ecossistemas, desempenham um papel essencial na nitrificação, convertendo amoníaco em nitrito (Prosser & Nicol, 2012). No entanto, as arqueias, especialmente as não cultivadas, desempenham um papel importante em ambientes anaeróbicos, envolvendo-se em diversas funções metabólicas em processos anaeróbicos, como a redução de enxofre, em ambientes de sedimentos de profundidade. A diversidade de receptores químicos em arquéias está relacionada a adaptações de habitat, com domínios específicos de ligação a ligantes correlacionados a diferentes ambientes (Dong et al., 2019).

Por outro lado, as archaea podem estabelecer associações simbióticas com uma vasta gama de hospedeiros eucarióticos, como plantas, animais e protistas (Kitzinger et al., 2019). Podem fornecer metabólicos e nutrientes essenciais, ou proteger os seus hospedeiros contra factores de stress ambiental (Raymann et al., 2017). Podem também desempenhar diferentes papéis na fisiologia e na saúde do hospedeiro (Vavourakis et al., 2016). Além disso, as archaea contribuem para comunidades marinhas e do solo relativamente normais. Além disso, algumas arqueias fazem parte do microbioma humano e estão localizadas no sistema digestivo humano e na cavidade oral (Dridi et al., 2012).

Os géneros mais importantes e as suas espécies que podem ser encontrados neste ambiente extremo são apresentados no quadro 34.

Tabela 34: Diversas espécies de arqueas e seus habitats ecológicos

Espécies	**Habitat ecológico**	**Referências**
Pyrococcus furiosus	Fontes hidrotermais (as temperaturas podem ultrapassar os 100°)	Fiala e Stetter, 1986
Thermococcus litoralis	Fontes hidrotermais (as temperaturas podem ultrapassar os 100°)	Jolivet et al., 2004
Sulfolobus solfataricus	Fontes termais ácidas (encontram-se em fontes sulfúricas ácidas e drenagens de minas)	Zillig, 1980
Methanopyrus kandleri	Fontes hidrotermais a grandes profundidades	Kurr et al., 1991
Halobactéria salinarum	Ambientes altamente salinos como as salinas	Oren, 2002
Methanobrevibacter smithii	Intestino humano, especialmente no aparelho digestivo trato	Samuele Gordon, 2006
Metanogénio frigideira	Habitat frio: sedimento do lago Ace em Antárctica, uma região fria, salina e ambiente permanentemente anóxico, a temperaturas tão baixas como 0°C	Franzmann et al, 1997
Nitrosopumilus maritimus	Sedimentos oceânicos e marinhos, envolvidos em nitrificação	Könneke et al, 2005

Algumas destas archaea, por exemplo, *Methanobrevibacter smithii,* são abrigadas pelo intestino humano e podem ter algum impacto na saúde do hospedeiro humano e na patogénese das doenças (Dridi et al., 2012). Foi dada uma indicação de que *a Methanobrevibacter smithii*, por exemplo, presente no intestino humano, tinha uma colheita de energia elevada, o que resultava num aumento de peso e, por conseguinte, poderia ser a razão provável para a *Methanobrevibacter smithii* se tornar um fator potencial no metabolismo e na obesidade (Samuel e Gordon, 2006).

6 .-Classificação de *Archaea*

Com base na comparação de sequências de rRNA de uma grande variedade de organismos, as archaea representam uma diversidade significativa com diferenças que as distinguem das bactérias Gram positivas e negativas.

As Archaea estão atualmente classificadas em vários filos principais, incluindo *Euryarchaeota, Crenarchaeota, Thaumarchaeota, Korarchaeota* e *Nanoarchaeota* (Spang et al., 2015);

Zaremba-Niedzwiedzka et al., 2017) Figure 15.

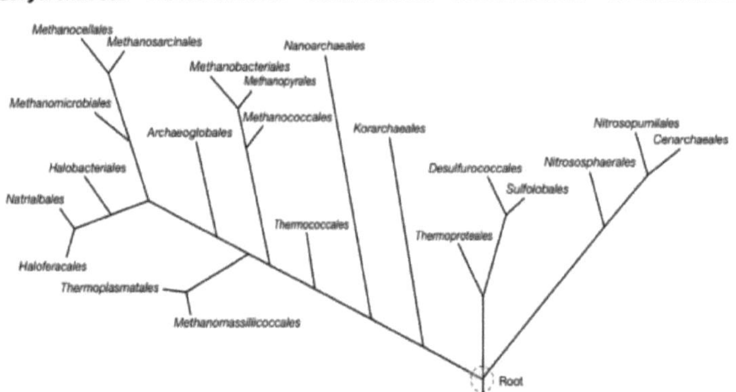

Figura 15: Árvore filogenética das arqueas com base nas sequências do gene 16S rRNA dos cinco filos das arqueas e das suas principais ordens (Madigan et al., 2019)

6.1. - Filo *Euryarchaeota*

O filo *Euryarchaeota* compreende um grupo diverso de archaea, incluindo todos os metanogénicos conhecidos, halófilos extremos e alguns hipertermófilos. Os membros deste filo apresentam uma vasta gama de capacidades metabólicas, sendo muitos estritamente anaeróbios, embora alguns possam tolerar baixos níveis de oxigénio. Este filo inclui autótrofos e heterótrofos, sendo que estes últimos utilizam frequentemente vias metabólicas únicas, como a glicólise modificada. Estes organismos habitam uma variedade de ecossistemas, desde as condições extremas das fontes hidrotermais até áreas mais comuns, como os rúmens de vacas e búfalos (Adam et al., 2017; Castelle & Banfield, 2018).

As investigações filogenómicas permitiram uma compreensão mais exaustiva das ligações evolutivas e da variedade no seio *dos Euryarchaeota*. Estas análises subdividiram o filo em muitas ordens diferentes: *Methanobacteriales, Methanococcales, Methanomicrobiales, Methanosarcinales, Methanocellales*, e dois táxons metanogênicos que são comparativamente recentes, *Methanofastidiosa* e *Methanomassiliicoccales* (Spang et al., 2017; Evans et al., 2015).

O **filo** *Euryarchaeota* é um filo muito diversificado com cinco grupos principais:

6.1.1. -Grupo metanogénico

Vários organismos de *Euryarchaeota* são metanogénicos, que possuem uma vasta gama de adaptações e capacidades metabólicas, permitindo a sua existência bem sucedida numa grande variedade de habitats anaeróbios. Produzem metano (CH_4) como parte integrante do seu metabolismo energético (a produção de metano é designada metanogénese). São anaeróbios estritos, autotróficos quando crescem com H_2 e CO_2, obtendo energia através da conversão de CO_2, H_2, formiato, metanol, acetato e outros compostos de metano ou metano e CO_2. Têm um papel essencial no ciclo global do carbono, gerando metano como produto metabólico. Existem cinco ordens: *Methanobacteriales, Methanococcales, Methanomicrobiales, Methanosarcinales e Methanopyrales,* com mais de 26 géneros, alguns dos quais incluem *a pseudomureína* (tabela 35).

Quadro 35: caraterísticas e panorama comparativo das ordens metanogénicas no filo

Euryarchaeota

Encomendar Metabolismo	Habitat	Género	Gama de temperaturas	Referências
Methanobacteriales estritamente Hidrogenotrófico (H2 + CO2 ^ CH4)	Anaeróbio ambientes Gastrointestinal tractos	*Metanobactéria, Metanotermo-bactéria, Methanosphaera*	Mesófilo a termofílico	Thauer et al. (2008) Borrel et al. (2013)
Methanococcales estritamente Hidrogenotrófico (H2 + CO2 ^ CH4)	Marinha, alto temperatura ambientes	*Methanococcus, Methanotherm-ococcus, Metanotorris*	Mesófilo a termofílico	Whitman et al. (2006),Vanwont erghem et al. (2016)
Methanomicrobiales Hidrogenotrófico, Metilotrófico,	Zonas húmidas, arroz arrozais, sedimentos de água doce	*Methanomicrobium Methanoplanus, Methanoculleus*	Mesófilo a termofílico	Zhu et al. (2012), Brablcová et al. (2015)
Methanosarcinales Hidrogenotrófico Metilotrófico	Diversos anaeróbios habitats (animais tripas, etc.)	*Methanosarcinan, Methanosaeta, Methanococcoides*	Mesófilo a termofílico	Jablonski et al. (2015), Söllinger et al. (2016)
Methanopyrales Hidrogenotrófico	Hidrotermal respiradouros, mares profundos ambientes	*Methanopyrus*	Hipertermofílico	Takai et al. (1999), Slesarev et al. (2002)

6.1.2. -Grupo halofílico

O grupo dos halófilos, frequentemente designado por haloarchaea, representa um grupo interessante de extremófilos que crescem em vários ambientes com níveis de sal muito elevados, incluindo lagos salgados, estuários e desertos salgados, que albergam estes organismos. Uma das caraterísticas mais importantes das haloarchaea é a sua capacidade de crescer em ambientes contendo 2 a 6 M de NaCl, indicando a sua excecional resistência ao stress osmótico (Oren, 2014; Baquero & Moreno-Paz, 2020). As ordens mais importantes do grupo halofílico e suas caracterizações são apresentadas na Tabela 36.

Quadro 37: caraterísticas e panorâmica comparativa dos grupos de arqueas halófilas do filo *Euryarchaeota*

Halobactérias Grupo	*Halobactérias*	*Haloferacóis*	*Natrialbales*
A maioria dos géneros	*Halobactéria, Halorubrum, Haloarcula*	*Haloferax, Halogeometricum, Haloquadratum*	*Natronobacterium, Natronococcus, Natrialba*
Tolerância à salinidade	Até 5 M NaCl	Até à saturação (> 5 M NaCl)	Ambientes hipersalinos e alcalinos
Adaptações	Acumulação de solutos compatíveis (glicerol, trealose) para o equilíbrio osmótico Produção de pigmentos como os carotenóides para proteção contra os raios UV	- Composições lipídicas de membrana únicas para manter a integridade da membrana - Mecanismos sofisticados para a homeostase do pH	Acumulação de solutos compatíveis para o equilíbrio osmótico - Antiportadores Na+/H+ para adaptação a condições de pH elevado
Importância ecológica	- Membros proeminentes de ambientes hipersalinos - Desempenham papéis cruciais	- Diversas capacidades metabólicas - Altamente adaptado	- Menos abundante em alguns ambientes hipersalinos

	no ciclo biogeoquímico	a condições hipersalinas extremas	- utilizar uma variedade de compostos orgânicos
Potencial biotecnológico	- Produção de biocombustíveis - BioremediaçãoDesenvolvimento de novas enzimas e sistemas metabólicos	- Produção de biocombustíveis - Bioremediação - Desenvolvimento de novas enzimas	- Produção de biocombustíveis - Bioremediação - Desenvolvimento de novas enzimas
Referências	Oren (2014), Kundu et al. (2019), Ghai et al. (2011), Ventosa et al. (2015)	Oren (2014), Boujelben et al. (2012), Borrel et al. (2014),	Mesbah & Wiegel (2012), Sorokin et al. (2015), Oren (2014

Além disso, *as Haloarchaea* são metabolicamente diferentes e as suas substâncias bioactivas e caraterísticas enzimáticas distintas, como a halotolerância e a termoestabilidade, contribuem significativamente para a sua importância em aplicações biotecnológicas. Os seus pigmentos carotenóides têm actividades antioxidantes e anti-inflamatórias. Além disso, as haloarchaea demonstraram a capacidade de produzir polihidroxialcanoatos (PHA), bioplásticos biodegradáveis com potenciais aplicações. Além disso, as haloarchaea têm sido exploradas pela sua capacidade de produzir nanoestruturas e pela sua promessa de biorremediação durante a desintoxicação de metais tóxicos (Hou et al., 2020; Guo et al., 2021; Farhadian et al., 202).

6.1.3. - Grupo *Thermoplasmata*

Os membros deste grupo são classificados como *Thermococci*, pleomórficos, que são estritamente anaeróbios. Alguns membros são quimioorganoheterotróficos utilizando uma variedade de substratos de carbono (péptidos e hidratos de carbono, ete), e reduzem o enxofre a sulfureto, e outros membros são quimiolitotróficos oxidando a pirite (FeS) presente nestas massas em ácido sulfúrico (Golyshina,2011; Cumming et al. 2018). São responsáveis pela sua motilidade, e crescem a 45 a 65 °C, mas as suas temperaturas ideais de crescimento variam entre 88° e 100°C. Apesar da ausência de paredes celulares, estes microrganismos possuem polissacáridos contendo lípidos, glicoproteínas e caldarchaeol, um lípido diglicerol tetraéter, que protegem as suas membranas plasmáticas. No entanto, o seu crescimento é significativamente inibido a níveis de pH inferiores a 3,5, com um ótimo de 0,7 (Golyshina et al. 2009 ; Kozubal et al. 2012).

A maioria das caracterizações dos membros deste grupo é apresentada no quadro 38 (ver página 85).

6.1.4. Grupos hipertermófilos e redutores de sulfato

Os hipertermófilos incluem algumas espécies muito interessantes que podem sobreviver a temperaturas extremas, especificamente acima de 80°C. A comunidade microbiana é composta principalmente por archaea, com apenas um número limitado de bactérias, incluindo *a Geothermobacterium ferrireducens*, que possuem a capacidade de sobreviver a temperaturas tão elevadas (Bertoldo e. Antranikian, 2006. Nestes hipertermófilos observam-se vias metabólicas específicas, incluindo uma via Embden-Meyerhof modificada, que não é frequente em bactérias e eucariotas (Sakuraba et al., 2020). Além disso, observou-se que os hipertermófilos são encontrados em vários ambientes de alta temperatura, incluindo fontes termais, onde são essenciais para a decomposição de polímeros, incluindo glicose, celulose e queratina (Sakuraba et al., 2020). Devido à sua notável resistência a altas temperaturas e adaptabilidade no metabolismo, os hipertermófilos tornaram-se temas atractivos para investigações fundamentais e tratamentos biotecnológicos. e tratamentos biotecnológicos. O potencial para avanços biotecnológicos é sugerido pelas adaptações metabólicas observadas nos hipertermófilos, incluindo a utilização de vias não convencionais para a oxidação da sacarose e a conservação de energia (Huber e Stetter, 2001). Estas adaptações fornecem informações valiosas sobre as primeiras fases da evolução

Tabela 38: caraterísticas e panorama comparativo das ordens de Thermoplasma em *Euryarchaeota*

Caraterística	***Thermoplasmatales***	***Ferroplasmales***
Géneros	*Thermoplasma, Picrophilus,*	*Ferroplasma, Acidiplasma*
Temperatura Gama	Termofílico (45-65°C)	Termoacidófilo (45-55°C)
Gama de pH	Extremamente ácido (pH 0-3)	Extremamente ácido (pH 0-2)
Metabolismo	Quimioorganoheterotróficos (uma variedade de compostos orgânicos)	Quimiolitoautotrófico (oxidação do ferro ferroso (Fe2+))
Parede celular Estrutura	Sem parede celular	Sem parede celular
Adaptações	- Produção de proteínas de choque térmico e outras chaperonas moleculares -Enzimas acidofílicas e mecanismos de bombeamento de protões - Acumulação de solutos compatíveis, como a trealose.	- Enzimas extremamente acidófilas e termoacidófilas - Vias de oxidação do ferro - Composições lipídicas de membrana únicas
Ecológico Significado Biotecnológico Potencial	- Desempenham um papel no ciclo do carbono e de outros elementos em ambientes ácidos e de alta temperatura. - Extremozimas para aplicações industriais: bioremediação de ambientes contaminados por metais	- Desempenham um papel no ciclo biogeoquímico do ferro em ambientes ácidos e de alta temperatura - Envolvidos na formação de drenagem ácida de minas - Extremozimas para aplicações industriais: bioremediação de ambientes contaminados por metais
Referências	Golyshina (2011), Kozubal et al. (2012)	Dopson & Lindström (2004), Golyshina et al. (2009), Cumming et al. (2018)

A Ordem *Thermococcales* é um dos táxons hipertermofílicos mais bem estudados dentro dos *Euryarchaeota*. Géneros como *Thermococcus* e *Pyrococcus* são normalmente encontrados em ambientes de alta temperatura, incluindo fontes termais submarinas, fontes hidrotermais marinhas e outros ambientes semelhantes (Marteinsson et al., 1999; Atomi et al., 2011)

Outras ordens, como *Archeoglobales* e *Geoglobales*, têm atraído uma atenção significativa devido às suas caraterísticas metabólicas e utilizações previstas em diferentes domínios. *As Archeoglobales* são um grupo bem investigado de arqueias anaeróbias metabolicamente competentes que se desenvolvem em ambientes quentes e extremamente anóxicos encontrados em fontes hidrotermais e geotérmicas do mar profundo (Oran et al., 2018; Slobodkina et al., 2016). Este grupo também é bem conhecido pelo seu metabolismo de redução de heterossulfato: eles podem reduzir o sulfato como o último aceitador de elétrons, com o objetivo de produzir sulfeto de hidrogênio no processo (Jahn et al., 2018). Este metabolismo é uma das caraterísticas mais proeminentes das *Archeoglobales* que realizam um ciclo intensivo de funcionamento de vários elementos como o enxofre nos ecossistemas circundantes. Em contraste, as geoglobais são um grupo de arqueias anaeróbias que se encontram disseminadas e podem ser encontradas no solo, sedimentos e ambientes subsuperficiais. Estas bactérias podem realizar a fermentação, um processo anaeróbio que resulta na conversão de matéria orgânica em hidratos de carbono, lactato e outros ácidos orgânicos (Bond et al. 2017; Liu et al., 2018) (Quadro 39).

Tabela 39: Caraterísticas e comparação entre ordens de *Thermococcales, Archaeoglobales* e *Geoglobales*

Ordens / Caraterística	***Thermococcales***	***Arqueoglobais***	***Geoglobais***
Géneros	*Thermococcus, Pyrococcus*	*Archaeoglobus, Geoglobus, Ferroglobus*	*Geoglobo*
Morfologia	Cocos ou cocos irregulares, 0,8-2 µm de diâmetro, móveis	Cocos ou irregulares, 0,5-2 µm de diâmetro, não móveis	Cocos ou irregulares, 0,5-2 µm de diâmetro, não móveis
Temperatura Gama (°C)	60 - 110	60 - 95	60 - 90
Metabolismo	Anaeróbia, heterotrófica, utilizando hidratos de carbono e péptidos	Anaeróbios, heterotróficos, alguns capazes de reduzir o sulfato	Anaeróbio, heterotrófico, redutor de ferro
Habitat	Fontes hidrotermais marinhas, fontes termais submarinas	Ambientes anóxicos e de alta temperatura (por exemplo, fontes hidrotermais, nascentes geotérmicas, reservatórios de petróleo subterrâneos)	Ambientes anóxicos e de alta temperatura (por exemplo, fontes hidrotermais)
Papel ecológico	Envolvidos no ciclo do carbono e de outros elementos	Envolvido no ciclo de enxofre, carbono e outros elementos	Envolvido no ciclo do ferro e de outros elementos
	Atomi et al., 2011; Kawaichi et al., 2020 ; Nguyen et al., 2021)	Slobodkina et al., 2016 ; Oran et al., 2018; Mardanov et al., 2021	Kashefi & Lovley, 2003; Slobodkina et al., 2016)

6.2. -O filo *Crenarchaeota*

Crenarchaeota é o segundo filo diverso de *Archaea,* anaeróbio e hipertermófilo, com temperaturas ideais para o crescimento entre 80°C e 113°C. Os seus membros exibem uma variedade de morfologias, incluindo cocos, bastonetes e formas irregulares. A maioria dos seus membros foi encontrada em ambientes específicos, como fontes hidrotermais de águas profundas, áreas vulcânicas e fontes termais (Huber et al., 2006; Wemheuer et al., 2019). Desempenham um papel importante no ciclo do carbono, do azoto e do enxofre em vários ecossistemas. Várias espécies são quimiolitoautotróficas, obtendo a sua energia e carbono a partir de compostos inorgânicos como o enxofre, o dióxido de carbono e o hidrogénio (Nakagawa & Takai, 2006; Offre et al., 2013).

Além disso, o filo é classificado em quatro ordens: *Desulfurococcales, Sulfolobales, Thermoproteales e Acidilobales* (Spang et al., 2017; Wemheuer et al., 2019). Esta última ordem, *Acidilobales*, é uma ordem recentemente proposta dentro das *Archaea*, incluindo os géneros *Acidilobus* e *Caldisphaera*. Estes géneros distinguem-se pelas suas propriedades fisiológicas e posição filogenética, derivadas de cocos anaeróbios acidófilos e hipertermófilos isolados de fontes termais ((Prokofeva et al., 2009). Algumas das espécies e géneros bem conhecidos do filo *Crenarchaeota* estão listados na tabela 40:

Tabela 40: caraterísticas e comparação entre quatro ordens do filo *Crenarchaeota*

Encomendar Caraterística	*Termoproteínas*	*Desulfurococcales*	*Sulfolobales*	*Acidilobales*
Géneros representativos	*Thermofilum, Thermoproteus, Pyrobaculum*	*Desulfurococcus, Aeropyrum, Ignicoccus*	*Sulfolobus, Acidianus*	*Acidilobus Caldisphaera*
Gama T (°C)	80 - 105	80 - 100	65 - 90	70 - 95
Metabolismo	Quimiolito - autotrófico, oxidante de hidrogénio, redutor de enxofre	Quimiolito - autotrófico, oxidante de enxofre, oxidante de hidrogénio	Quimiolito - autotrófico, oxidante de enxofre	Heterotrófico, anaeróbio, acidófilo
Habitat	Fontes termais terrestres, fontes hidrotermais de profundidade	Fontes hidrotermais de profundidade,	Zonas vulcânicas e geotérmicas terrestres	Ambientes ácidos e de alta temperatura
Papel ecológico	Ciclo do carbono, do azoto e do enxofre	Ciclo do enxofre, oxidação do hidrogénio	Ciclo do enxofre, fixação do carbono	Ciclo de carbono e energia em ambientes ácidos e de alta temperatura
Referências	Casanueva et al., 2008; Nakagawa & Breuker et al., 2013 ; Takai, 2006; Jahn Offre et al., 2013 et al., 2008		Huber et al., 2006	Prokofeva et al., 2009

6.3. - Outros filos de *Archaea*

6.3.1. Filo *Thaumarchaeota*

Os membros deste filo são organismos aeróbicos, quimiolitoautotróficos que podem oxidar amoníaco como fonte de energia; portanto, são altamente significativos nos processos de nitrificação e podem ser colonizados em todos os ambientes, desde ecossistemas marinhos a terrestres, e adaptados a uma ampla gama de temperaturas e valores de pH (Tourna et al., 2011; Kerou et al., 2016). Estas archaea estão distribuídas globalmente e desempenham um papel importante no ciclo biogeoquímico global do azoto e do carbono (Alves et al., 2018). Outras caraterísticas são apresentadas na tabela 41.

6.3.2. - Filo *Nanoarchaeota*

Este filo *Nanoarchaeota* é constituído por arqueias extremamente pequenas que residem como ectosimbiontes nas superfícies de vários hospedeiros arqueanos. Foi descoberto em vários ambientes extremos, incluindo ecossistemas hipersalinos e fontes hidrotermais de águas profundas (Reva et al., 2023). Este filo, caracterizado pelas suas capacidades biossintéticas limitadas, manifesta um estilo de vida simbiótico. Essas entidades se distinguem por seus complexos mecanismos de defesa celular, que incluem sistemas CRISPR/Cas usados para se defender contra vírus e a presença de enormes proteínas de superfície (Straub et al., 2018 ; John et al., 2022). Outras caraterísticas são relatadas na tabela 41.

6.3.3. - Filo *Korarchaeota*

O filo *Korarchaeota* é caracterizado por células de pequenas dimensões, crescimento lento e uma posição filogenética com algumas caraterísticas únicas que sugerem que este grupo é um possível representante de uma *Archaea* antiga. Encontra-se em muitos ecossistemas anaeróbios de alta temperatura, como fontes termais ácidas, ou mesmo na zona de fontes hidrotermais de águas profundas, embora possa ser cultivado com sucesso em condições muito restritas (Auchtung et al., 2006; Elkins et al., 2008). Outras caraterísticas são indicadas no quadro 41.

Tabela 41: Caraterísticas e comparação de *Thaumarchaeota, Nanoarchaeota* e *Korarchaeota*:

Filo Caraterística	***Thaumarchaeota***	***Nanoarchaeota***	***Korarchaeota***
Morfologia	Cocóide ou em bastonete	Extremamente pequeno, 0,4-0,5 µm, frequentemente encontrados em locais	Pequeno, 0,5-1 µm em
	em forma, 0,5-2 µm em diâmetro	próximos com outras arqueias	diâmetro
Metabolismo	Aeróbio, quimiolítico autotrófico,	Simbiótico obrigatório ou parasitária, de metabolismo	Mal compreendido, presumivelmente

	oxidante de amoníaco	limitado capacidades	anaeróbio e heterotróficos
Temperatura Gama (°C)	10 - 55, com ótimo "30-40 "	80 - 100,	80 - 105,
Habitat	Marinhos e terrestres ecossistemas, solo, sedimentos, e	Alta temperatura, anaeróbio ambientes, tais como os ambientes profundos fontes hidrotermais marinhas	Alta temperatura, anaeróbio ambientes,
Papel ecológico	actores da nitrificação e o ciclo do carbono	potencialmente parasitárias ou simbiótico com outros archaea	desempenham um papel importante na alta ecossistemas de temperatura
Cultivado Representantes	Várias espécies têm foi bem sucedido cultivado	Poucas espécies foram cultivado com sucesso	Muito poucas espécies têm foi bem sucedido cultivado
Referências	Offre et al., 2013 ; Kerou et al., 2016)	Jahn et al., 2008; Podar et al., 2013	Auchtung et al., 2006; Elkins et al., 2008

7 Importância e aplicações

As Archaea possuem uma grande variedade de significados e aplicações práticas, desde a biotecnologia e a biorremediação até à compreensão da evolução dos processos celulares e dos limites da vida. Atualmente, são bem conhecidas por viverem em ambientes extremos, como temperaturas elevadas, pH baixo, salinidade elevada e ambientes anóxicos. Este facto torna-as de grande valor como modelos dos limites da vida e dos mecanismos de adaptação dos organismos às condições ambientais (Oren, 2013; Zeldovich et al., 2007). Exemplo: As aplicações potenciais incluem a produção de biocombustível com archaea termofílica e o desenvolvimento de enzimas termoestáveis a partir de *Pyrococcus furiosus* (Blumer-Schuette et al., 2008).

As arqueias têm muitas aplicações biotecnológicas devido à sua versatilidade metabólica específica, como a decomposição de compostos recalcitrantes e a síntese em biomoléculas valiosas (Goyal et al., 2022). Exemplo: *Halobacterium salinarum* e outros membros das arqueias halófilas

têm sido exploradas pelo seu perfil de biorremediação contra metais pesados, juntamente com a síntese de biocombustíveis e bioplásticos (Margesin e Schinner, 2001).

Ciclagem biogeoquímica: As Archaea também conduzem todos os ciclos biogeoquímicos essenciais na Terra no que diz respeito à sua vasta gama de actividades metabólicas no ciclo do carbono, azoto e enxofre (Offre et al., 2013; Kato et al., 2021). Exemplo: As archaea oxidantes de amoníaco são membros do filo *Thaumarchaeota* recentemente descobertos e foram descritas como desempenhando papéis fundamentais na nitrificação em ambientes (Könneke et al., 2005)

Referências

Azeri, C., Tamer, A. U., & Oskay, M. (2010). Produção de xilanase sem celulase termoactiva a partir de estirpes de Bacillus alcalifílico utilizando vários agro-resíduos e o seu potencial no biobranqueamento de pasta kraft. Jornal Africano de Biotecnologia, 9(1), 63-72.

Becker, K., Heilmann, C., & Peters, G. (2014). Estafilococos coagulase-negativos. Clinical Microbiology Reviews, 27(4), 870-926.

Becker, K., Heilmann, C., & Peters, G. (2014). Estafilococos coagulase-negativos. Clinical Microbiology Reviews, 27(4), 870-926.

Berg, I. A. (2011). Aspectos ecológicos da distribuição de diferentes vias autotróficas de fixação de CO2. Microbiologia aplicada e ambiental, 77(6), 1925-1936.

Borrell, B. J. (2021). Systematics: A Ciência da Diversidade Biológica. Oxford University Press.

Brenner, D. J., Fanning, G. R., Rake, A. V., & Johnson, K. E. (1969). Batch procedure for thermal elution of DNA from hydroxyapatite. Analytical Biochemistry, 28(2), 447-459.

Brenner, D.J., Krieg, N.R., Staley, J.T. (Eds.) (2005). Bergey's Manual of Systematic Bacteriology, Volume Dois: The Proteobacteria, Parte A Ensaios Introdutórios. Springer, Nova Iorque.

Brock, T. D. (1987). O estudo dos microrganismos in situ: progressos e problemas. Simpósios da Sociedade de Microbiologia Geral, 41, 1-17.

Brock, T. D. (1999). Robert Koch: A Life in Medicine and Bacteriology [Uma Vida em Medicina e Bacteriologia]. ASM Press.

Brook, I. (2008). Bacteroidaceae. Em Molecular Medical Microbiology (pp. 533-556). Imprensa académica.

Bryant, D. A., & Frigaard, N. U. (2006). Fotossíntese procariótica e fototrofia iluminada. Tendências em Microbiologia, 14(11), 488-496.

Burstein, D., Harrington, L. B., Strutt, S. C., Widmaier, D. M., Majumdar, S., Tseng, E., ... & Doudna, J. A. (2017). Novos sistemas CRISPR-Cas de micróbios não cultivados. Natureza, 542(7640), 237-241

Carini, P., Marsden, P. J., Leff, J. W., Morgan, E. E., Strickland, M. S., & Fierer, N. (2016). O DNA relíquia é abundante no solo e obscurece as estimativas da diversidade microbiana do solo. Microbiologia da natureza, 2(3), 1-6.

Cavalier-Smith, T. (2004). Apenas seis reinos da vida. Actas da Sociedade Real de Londres. Série B: Ciências Biológicas, 271(1545), 1251-1262.

Cavicchioli, R. (2011). Archaea-timeline do terceiro domínio. Nature Reviews Microbiology, 9(1), 51-61.

Charon, N. W., & Goldstein, S. F. (2002). Genética da motilidade e quimiotaxia de um grupo fascinante de bactérias: as espiroquetas. Annual Review of Genetics, 36(1), 47-73.

Chun, J. et al. (2018). Proposta de padrões mínimos para o uso de dados de genoma para a taxonomia de procariotos. Int J Syst Evol Microbiol, 68(1), 461-466.

Chun, J., & Rainey, F. A. (2014). Integrando a genómica na taxonomia e sistemática das Bactérias e Archaea. Revista Internacional de Microbiologia Sistemática e Evolutiva, 64(Pt_2), 316-324.

Claus, D., & Berkeley, R. C. W. (1986). Género Bacillus Cohn 1872. Bergey's manual of systematic bacteriology, 2, 1105-1139.

Cohan, F. M. (2019) Transmissão nas origens da diversidade bacteriana, de ecótipos a filos.

Microbiology Spectrum, 7(2), 7.2.16.
Cole, J. R., Wang, Q., Fish, J. A., Chai, B., McGarrell, D. M., Sun, Y., ... & Tiedje, J. M. (2014). Ribosomal Database Project: dados e ferramentas para análise de rRNA de alto rendimento. Nucleic Acids Research, 42(D1), D633-D642.
Crowther, J. R. (2000). ELISA: Teoria e Prática (2ª ed.). Humana Press.
Daims, H., Lücker, S., & Wagner, M. (2016). Uma nova perspetiva sobre os micróbios anteriormente conhecidos como bactérias oxidantes de nitrito. Tendências em Microbiologia, 24(9), 699-712.
Dedysh, S. N., & Ivanova, A. O. (2019). Planctomycetes. No Manual de Sistemática de Archaea e Bacteria de Bergey (pp. 1-26). Wiley.
DSMZ - Coleção Alemã de Microorganismos e Culturas Celulares GmbH. (n.d.). Nomenclatura procariótica actualizada. Recuperado em 20 de abril de 2024, de http://www.dsmz.de.
Dumler, J. S. (2010). Fitness e congelamento: trade-offs de transmissão para uma bactéria intracelular obrigatória? Actas da Academia Nacional de Ciências, 107(39), 16711-16712.
Duthie, M. S., Windish, H. P., Fox, C. B., & Reed, S. G. (2011). Uso de ligantes TLR definidos como adjuvantes em vacinas humanas. Immunological Reviews, 239(1), 178-196.
Erwin, P. M., Hinsu, A., Yubuki, N., Tien, M., & Thacker, R. W. (2013). Biodiversidade microbiana da esponja de água doce Spongilla lacustris. Microb Ecol, 65(3), 653-662.
Facklam, R. (2002). Ensaios de coaglutinação e de aglutinação em látex. Em Manual of Clinical Microbiology (8ª ed., pp. 1123-1129). Sociedade Americana de Microbiologia.
Faine, S., Adler, B., Bolin, C., & Perolat, P. (1999). Leptospira e leptospirose. MediSci.
Falkowski, P. G., Fenchel, T., & Delong, E. F. (2008). The microbial engines that drive Earth's biogeochemical cycles. science, 320(5879), 1034-1039.
Flint, H. J., Scott, K. P., Louis, P., & Duncan, S. H. (2012). O papel da microbiota intestinal na nutrição e na saúde. Nature Reviews Gastroenterology & Hepatology, 9(10), 577-589.
Fournier, P. E., Raoult, D., Fenollar, F., Jensenius, M., & Prieto-Ramos, F. (2021). Conhecimento atual sobre Rickettsioses e direções futuras para pesquisa. The Lancet Infectious Diseases, 21(12), e293-e307.
Fournier, P. E., Raoult, D., Fenollar, F., Jensenius, M., & Prieto-Ramos, F. (2021). Conhecimento atual sobre Rickettsioses e direções futuras para pesquisa. The Lancet Infectious Diseases, 21(12), e293-e307.
Frigaard, N. U., & Bryant, D. A. (2008). Clorossomas: organelos de antena em bactérias verdes fotossintéticas. Em Complex intracellular structures in prokaryotes (pp. 79-114). Springer, Berlim, Heidelberg.
Fuerst, J. A., & Sagulenko, E. (2011). Para além da bactéria: Planctomycetes desafiam nossos conceitos de estrutura e função microbiana. Nature Reviews Microbiology, 9(6), 403-413.
Gaisin, V. A., Kalashnikov, A. M., Sukhacheva, M. V., Naumova, R. P., & Kutsakova, V. E. (2015). Bactérias verdes de enxofre no tratamento biológico de águas residuais industriais tóxicas. FEMS Microbiology Letters, 362(11), fnv057.
Galperin, M. Y. (2013). Diversidade genómica de Firmicutes formadores de esporos. Microbiol Spectr, 1(2), 10-1128.
Gao, B., & Gupta, R. S. (2012). Estrutura filogenética e assinaturas moleculares para os principais clados do filo Actinobacteria. Microbiology and Molecular Biology Reviews, 76(1), 66-112.
Garcia-Pichel, F., & Prufert-Bebout, L. (2006). Minaerais: Cyanobacterial mineralization. Em

D. Whitton (Ed.), Ecology of Cyanobacteria II: Their Diversity in Space and Time (pp. 111-134). Springer.

Garrity, G. M., Boone, D. R., & Castenholz, R. W. (Eds.). (2001). Bergey's Manual of Systematic Bacteriology: Volume One: The Archaea and the Deeply Branching and Phototrophic Bacteria (Vol. 1). Springer Science & Business Media.

Garrity, G.M., Brenner, D.J., Krieg, N.R., Staley, J.T. (Eds.) (2005). Bergey's Manual of Systematic Bacteriology, Volume Dois: The Proteobacteria, Parte B The Gammaproteobacteria. Springer, Nova Iorque.

Gibbons, N. E., & Murray, R. G. E. (1978). Proposals concerning the higher taxa of bacteria. International Journal of Systematic and Evolutionary Microbiology, 28(1), 1-6.

Gillespie, J. J., Joardar, V., Williams, K. P., Driscoll, T., Hostetler, J. B., Nordberg, E., ... & Azad, A. F. (2012). Um genoma de Rickettsia invadido por elementos genéticos móveis fornece uma visão sobre a aquisição de genes caraterísticos de um estilo de vida intracelular obrigatório. Journal of Bacteriology, 194(2), 376-394.

Giraffa, G., Chanishvili, N., & Widyastuti, Y. (2010). Importância das lactobactérias na biotecnologia dos géneros alimentícios e dos alimentos para animais. Investigação em Microbiologia, 161(6), 480-487.

Goodfellow, M., & Fiedler, H. P. (2010). Um guia para o sucesso da bioprospecção: informado pela sistemática actinobacteriana. Antonie van Leeuwenhoek, 98(2), 119-142.

Goris, J. et al. (2007). Valores de hibridação DNA-DNA e a sua relação com as semelhanças da sequência do genoma completo. Int J Syst Evol Microbiol, 57(1), 81-91.

Gradmann, C. (2001). Robert Koch e as pressões da investigação científica: tuberculose e tuberculina. História da Medicina, 45(1), 1-32.

Greub, G. (2009). Parachlamydia acanthamoebae, um agente emergente de pneumonia. Microbiologia Clínica e Infeção, 15(1), 18-28.

Greub, G. (2010). Parachlamydia acanthamoebae, um agente emergente de pneumonia. Microbiologia Clínica e Infeção, 15(1), 18-28.

Grimont, P. A. D., & Weill, F. X. (2007). Fórmulas antigénicas dos serovares de Salmonella (9ª ed.). Centro de Colaboração da OMS para Referência e Investigação sobre Salmonella.

Handelsman, J., Rondon, M. R., Brady, S. F., Clardy, J., & Goodman, R. M. (1998). Molecular biological access to the chemistry of unknown soil microbes: a new frontier for natural products. Chemistry & Biology, 5(10), R245-R249.

Harlow, E., & Lane, D. (1988). Antibodies: A laboratory manual. Cold Spring Harbor Laboratory Press.

Hebert, P. D., Cywinska, A., Ball, S. L., & deWaard, J. R. (2003). Identificações biológicas através de códigos de barras de ADN. Actas da Sociedade Real de Londres. Série B: Ciências Biológicas, 270(1512), 313-321.

Hensgens, M. P., Kuijper, E. J., Harmanus, C., van den Berg, R. J., & Delft, S. V. (2012). Infeção por Clostridium difficile na comunidade: uma doença zoonótica? Clinical Microbiology and Infection, 18(7), 635-645.

Hisamatsu, T., Watanabe, T., Sasaki, S., Akada, J., & Ogata, K. (2020). Firmicutes patogénicos. Em The Bacterial Protein Toxin Story. Imprensa académica

Holt, J.G. (1994). Bergey's Manual of Determinative Bacteriology, 9ª edição.

Holt, J.G. (1994). Bergey's Manual of Determinative Bacteriology, 9ª edição. Williams & Wilkins Horn, M. (2008). Chlamydiae as symbionts in eukaryotes. Revisão Anual de Microbiologia, 62, 113-131.

Hugenholtz, P. (2002). Exploring prokaryotic diversity in the genomic era. Genome Biology, 3(2), reviews0003-1.
Hugler, M., & Sievert, S. M. (2011). Para além do ciclo de Calvin: fixação autotrófica de carbono no oceano. Revisão anual das ciências marinhas, 3, 261-289.
Imhoff, J. F. (2003). Taxonomia filogenética da família Chlorobiaceae com base no 16S rRNA e nas sequências de genes. International Journal of Systematic and Evolutionary Microbiology, 53(4), 941-951.
Imhoff, J. F. (2014). Os procariotas fototróficos. Em E. Rosenberg, E.F. DeLong, S. Lory, E. Stackebrandt, & F. Thompson (Eds.), The Prokaryotes (pp. 541-583). Springer, Berlim, Heidelberg.
Janda, J. M., & Abbott, S. L. (2007). Sequenciação do gene 16S rRNA para identificação bacteriana no laboratório de diagnóstico: vantagens, perigos e armadilhas. Journal of clinical microbiology, 45(9), 2761-2764.
Janda, J. M., & Abbott, S. L. (2007). Sequenciação do gene 16S rRNA para identificação bacteriana no laboratório de diagnóstico: vantagens, perigos e armadilhas. Journal of clinical microbiology, 45(9), 2761-2764.
Jézéquel, N., Quho, P. J., Barre, P., & Dupont, D. (2013). Caracterização microbiológica de produtos lácteos fermentados tradicionais. Em Food Nutrition and Health (pp. 173-209). CRC Press.
Keis, S., Shaheen, R., & Jones, D. T. (2001). Emended descriptions of Clostridium acetobutylicum and Clostridium beijerinckii, and descriptions of Clostridium saccharoperbutylacetonicum sp. nov. and Clostridium saccharobutylicum sp. nov. International Journal of Systematic and Evolutionary Microbiology, 51(6), 2095-2103.
Kirchman, D. L. (2018). Processos em ecologia microbiana. Oxford University Press.
Kitahara, K., & Miyazaki, K. (2013). Revisitando a filogenia bacteriana: o 16S rRNA é o verdadeiro padrão ouro? Microbes and Environments, 28(4), 373-377.
Klindworth, A., Pruesse, E., Schweer, T., Peplies, J., Quast, C., Horn, M., & Glöckner, F. O. (2013). Avaliação de primers gerais de PCR do gene de RNA ribossômico 16S para estudos de diversidade clássicos e baseados em sequenciamento de próxima geração. Nucleic Acids Research, 41(1), e1-e1.
Koneman, E. W., Allen, S. D., Janda, W. M., Schreckenberger, P. C., & Winn, W. C. (2005). Color Atlas and Textbook of Diagnostic Microbiology (6ª ed.). Lippincott Williams & Wilkins.
Konikoff, T., & Gophna, U. (2016). Oscillospira: um componente central e enigmático da microbiota intestinal humana. Tendências em Microbiologia, 24(7), 523-524.
Konstantinidis, K. T., & Tiedje, J. M. (2005). Towards a genome-based taxonomy for prokaryotes. J Bacteriol, 187(18), 6258-6264.
Konstantinidis, K. T., Rosselló-Mora, R., & Amann, R. (2017). Micróbios não cultivados que precisam de sua própria taxonomia. The ISME Journal, 11(11), 2399-2406.
Koonin, E. V., & Wolf, Y. I. (2008). Genómica de bactérias e archaea: a visão dinâmica emergente do mundo procariótico. Nucleic Acids Research, 36(21), 6688-6719.
Koonin, E. V., Makarova, K. S., & Aravind, L. (2012). Genómica microbiana: da sequência à função. Opinião atual em microbiologia, 5(5), 506-512.
Koseki, S., Hirai, N., & Mukai, T. (2021). O gene do fator de alongamento Tu (tuf) como um novo marcador molecular para a identificação de espécies bacterianas. Microorganismos, 9(5), 1092.

Krieg, N. R., Staley, J. T., Brown, D. R., Hedlund, B. P., Paster, B. J., Ward, N. L., ... & Whitman, W. B. (2010). Filo BIX. Bacteroidetes phyl. nov. No Manual de Bacteriologia Sistemática de Bergey (pp. 25-469). Springer, Nova Iorque, NY.

Kuo, C. C., Jackson, L. A., Campbell, L. A., & Grayston, J. T. (1995). Chlamydia pneumoniae (TWAR). Clinical Microbiology Reviews, 8(4), 451-461

Kurtzman, C. P., & Robnett, C. J. (1998). Identificação e filogenia de leveduras ascomicetas a partir da análise de sequências parciais de DNA ribossómico nuclear de subunidade grande (26S). Antonie van Leeuwenhoek, 73(4), 331-371.

Lage, O. M., & Bondoso, J. (2014). Planctomicetos e macroalgas, uma associação marcante. Fronteiras em microbiologia, 5, 267.

Lagier, J. C., Hugon, P., Khelaifia, S., Fournier, P. E., La Scola, B., & Raoult, D. (2015). O renascimento da cultura em microbiologia através do exemplo da culturómica para estudar a microbiota intestinal humana. Clinical Microbiology Reviews, 28(1), 237-264.

Lawson, P. A., & Rainey, F. A. (2016). Proposta para restringir o género Clostridium Prazmowski a Clostridium butyricum e espécies relacionadas. International Journal of Systematic and Evolutionary Microbiology, 66(2), 1009-1016.

Lee, L.S., Teh, L.K., Zainuddin, Z.F. et al. (2014). A sequência do genoma de um isolado de *Staphylococcus aureus* resistente à meticilina do tipo ST239 de um hospital da Malásia. Stand in Genomic Sci 9, 933-939 https://doi.org/10.4056/sigs.3887716

Legendre, P., & Legendre, L. (2012). Ecologia numérica (Vol. 24). Elsevier.

Logan, N. A., & De Vos, P. (2009). Género I. Bacillus. Em Bergey's Manual of Systematic Bacteriology, Volume 3 (pp. 21-128). Springer, Nova Iorque, NY.

Mackie, T. J., McCartney, J. E., & White, W. (1996). Practical Medical Microbiology (14ª ed.). Churchill Livingstone.

Madigan, M. T., Bender, K. S., Buckley, D. H., Sattley, W. M., & Stahl, D. A. (2015). Brock Biology of Microorganisms, 14ª edição. Pearson.

Madigan, M. T., Bender, K. S., Buckley, D. H., Sattley, W. M., & Stahl, D. A. (2018). Biologia de microorganismos de choque. Pearson.

Maiden, M. C., Bygraves, J. A., Feil, E., Morelli, G., Russell, J. E., Urwin, R., ... & Spratt, B. G. (1998). Multilocus sequence typing: uma abordagem portátil para a identificação de clones em populações de microrganismos patogénicos. Proceedings of the National Academy of Sciences, 95(6), 3140-3145.

Medini, D., Serruto, D., Parkhill, J., Relman, D. A., Donati, C., Moxon, R., ... & Rappuoli, R. (2008). Microbiologia na era pós-genómica. Nature Reviews Microbiology, 6(6), 419-430.

Mégraud, F., & Lehours, P. (2007). Deteção de Helicobacter pylori e testes de suscetibilidade antimicrobiana. Clinical Microbiology Reviews, 20(2), 280-322.

Mesbah, M., Premachandran, U., & Whitman, W. B. (1989). Medição precisa do teor de G+ C do ácido desoxirribonucleico por cromatografia líquida de alta eficiência. International Journal of Systematic and Evolutionary Microbiology, 39(2), 159-167.

Mira, A., Martín-Cuadrado, A. B., D'Auria, G., & Rodríguez-Valera, F. (2010). O pangenoma bacteriano: um novo paradigma em microbiologia. International Microbiology, 13(2), 45-57.

Mollet, C., Drancourt, M., & Raoult, D. (1997). rpoB sequence analysis as a novel basis for bacterial identification. Molecular microbiology, 26(5), 1005-1011.

Montecucco, C., & Rasotto, M. B. (2015). Sobre a variabilidade da neurotoxina botulínica. MBio, 6(1), e02131-14.

Olsen, G. J., Woese, C. R., & Overbeek, R. (1994). The winds of (evolutionary) change:

breathing new life into microbiology. Journal of Bacteriology, 176(1), 1-6.
Olson, J. M., & Blankenship, R. E. (2004). Thinking about the evolution of photosynthesis. Photosynthesis research, 80(1-3), 373-386.
Oren, A. (2004). Prokaryote diversity and taxonomy: current status and future challenges. Philosophical Transactions of the Royal Society of London. Série B: Ciências Biológicas, 359(1444), 623-638.
Oren, A. (2014). A família Halobacteroidaceae. Em The Prokaryotes (pp. 321-335). Springer, Berlim, Heidelberg.
Oren, A., & Garrity, G. M. (2021). Lista de novos nomes e novas combinações anteriormente publicados de forma efectiva, mas não válida. Revista Internacional de Microbiologia Sistemática e Evolutiva Otto, M. (2018). Biofilmes estafilocócicos. Em Biofilm-based Healthcare-associated Infections (pp. 207-228). Springer, Cham
Overmann, J. (2008). Bactérias verdes de enxofre. Em Encyclopedia of Life Sciences. John Wiley & Sons, Ltd.
Overmann, J., & Garcia-Pichel, F. (2013). O modo de vida fototrófico. Em The Prokaryotes (pp. 203-257). Springer, Berlim, Heidelberg.
Pace, N. R. (2009). Mapeamento da árvore da vida: progressos e perspectivas. Microbiology and Molecular Biology Reviews, 73(4), 565-576.
Paredes-Sabja, D., Shen, A., & Sorg, J. A. (2014). Biologia dos esporos de Clostridium difficile: esporulação, germinação e proteínas estruturais dos esporos. Tendências em Microbiologia, 22(7), 406-416.
Parker, C. T., Tindall, B. J., & Garrity, G. M. (2019). Código Internacional de Nomenclatura de Procariotas: Código procariótico (revisão de 2008). International Journal of Systematic and Evolutionary Microbiology, 69(1A), S1-S111. doi:10.1099/ijsem.0.003055.
Parks, D. H., Rinke, C., Chuvochina, M., Chaumeil, P. A., Woodcroft, B. J., Evans, P. N., ... & Tyson, G. W. (2017). A recuperação de quase 8,000 genomas montados em metagenoma expande substancialmente a árvore da vida. Nature Microbiology, 2(11), 1533-1542.
Parola, P., Paddock, C. D., Socolovschi, C., Labruna, M. B., Mediannikov, O., Kernif, T., ... & Raoult, D. (2013). Atualização sobre rickettsioses transmitidas por carrapatos em todo o mundo: uma abordagem geográfica. Revisões de Microbiologia Clínica, 26(4), 657-702.
Parte, A. C. (2018). LPSN - Lista de nomes procarióticos com posição na nomenclatura (bacterio.net), 20 anos depois. International Journal of Systematic and Evolutionary Microbiology, 68(6), 1825-1829. doi:10.1099/ijsem.0.002786.
Pascual, F. B. (2015). Tetanus. Em Doenças Infecciosas Clínicas (pp. 1289-1297). Cambridge University Press.
Paster et l., 2012. Brinkman, M. B., McGill, J. L., & Petrie-Hanson, L. M. (2013). Disenteria suína: Etiologia, patogenicidade, determinantes da transmissão e a luta contra a doença. Porcine Health Management, 19(1), 29-31.
Paster, B. J., Dewhirst, F. E., & Fraser, G. J. (2012). Filogenia de espiroquetas. Em Spirochetes: Molecular and Cellular Biology (pp. 1-30). Caister Academic Press.
Perlman, S. J., Hunter, M. S., & Zchori-Fein, E. (2006). A diversidade emergente de Rickettsia. Proceedings of the Royal Society B: Biological Sciences, 273(1598), 2097-2106.
Pfennig, N. (1989). Ecologia de bactérias fototróficas de enxofre púrpura e verde. Bactérias autotróficas, 97-116.
Pot, B., Vandamme, P., & Kersters, K. (1994). Análise de impressões digitais electroforéticas de proteínas de organismos inteiros. Em Modern Microbial Methods (pp. 493-521). Springer,

Berlim, Heidelberg.
Puillandre, N., Lambert, A., Brouillet, S., & Achaz, G. (2012). ABGD, Automatic Barcode Gap Discovery para delimitação de espécies primárias. Molecular Ecology, 21(8), 1864-1877.
Quast, C., Pruesse, E., Yilmaz, P., Gerken, J., Schweer, T., Yarza, P., ... & Glöckner, F. O. (2013). O projeto de banco de dados de genes de RNA ribossomal SILVA: processamento de dados aprimorado e ferramentas baseadas na web. Nucleic Acids Research, 41(D1), D590-D596.
Radolf, J. D., Caimano, M. J., Stevenson, B., & Hu, L. T. (2012). De carrapatos, ratos e homens: Compreender o estilo de vida de duplo hospedeiro das espiroquetas da doença de Lyme. Nature Reviews Microbiology, 10(2), 87-99
Ransom, E. M., Maie, R., Carilli, J., Sakoulas, G., Lewis, K., & Rice, K. C. (2020). Plasticidade genômica e adaptação ambiental em Firmicutes. Microbiol Spectr, 8(5), 8.5. 07.
Rappe, M. S., & Giovannoni, S. J. (2003). The uncultured microbial majority (A maioria microbiana não cultivada). Revisão Anual de Microbiologia, 57(1), 369-394.
Raymond, J., Zhaxybayeva, O., Gogarten, J. P., Gerdes, S. Y., & Blankenship, R. E. (2002). Whole-genome analysis of photosynthetic prokaryotes (Análise do genoma completo de procariotas fotossintéticos). Science, 298(5598), 1616-1620.
Reichardt, N., Duncan, S. H., Young, P., Belenguer, A., McWilliam Leitch, C., Scott, K. P., ... & Flint, H. J. (2014). Distribuição filogenética de três vias para a produção de propionato no microbioma intestinal humano. O jornal ISME, 8(6), 1323-1335.
Rippka, R., Deruelles, J., Waterbury, J. B., Herdman, M., & Stanier, R. Y. (2018). Atribuições genéricas, histórias de cepas e propriedades de culturas puras de cianobactérias. Microbiologia, 111(1), 1-61.
Rosselló-Mora, R., & Amann, R. (2001). The species concept for prokaryotes. FEMS Microbiol Rev, 25(1), 39-67.
Rosselló-Móra, R., & Amann, R. (2015). Definições de espécies passadas e futuras para Bacteria e Archaea. Systematic and Applied Microbiology, 38(4), 209-216.
Saavedra, J. M. (2001). Aplicações clínicas de agentes probióticos. The American Journal of Clinical Nutrition, 73(6), 1147s-1151s.
Sachse, K., Bavoil, P. M., Kaltenboeck, B., Stephens, R. S., Kuo, C. C., Rosselló-Móra, R., & Horn, M. (2015). Emenda da família Chlamydiaceae: proposta de um único género, Chlamydia, para incluir todas as espécies atualmente reconhecidas. Systematic and Applied Microbiology, 38(2), 99-103.
Sapp, J. (2005). Microbial Phylogeny and Evolution: Concepts and Controversies. Oxford University Press.
Schoch, C. L., Seifert, K. A., Huhndorf, S., Robert, V., Spouge, J. L., Levesque, C. A., ... & Fungal Barcoding Consortium. (2012). Região do espaçador transcrito interno ribossómico nuclear (ITS) como marcador universal de código de barras de ADN para Fungi. Actas da Academia Nacional de Ciências, 109(16), 6241-6246.
Schopf, J. W. (2000). O registo fóssil: traçando as raízes da linhagem de cianobactérias. The ecology of cyanobacteria, 13-35.
Sneath, P. H., Mair, N. S., Sharpe, M. E., & Holt, J. G. (Eds.). (1986). Bergey's manual of systematic bacteriology, Vol. 2.
Sokal & Michener, 1958; Gower, 1971; (Sneath & Sokal, 1973;Legendre & Legendre, 2012
Soo, R. M., Skennerton, C. T., Sekiguchi, Y., Imelfort, M., Paech, S. J., Dennis, P. G., ... & Hugenholtz, P. (2014). Uma representação genômica expandida do filo Cyanobacteria.

Biologia e evolução do genoma, 6(5), 1031-1045.
Sorokin, D. Y., & Muyzer, G. (2011). Quimiolitotrofia bacteriana em bactérias oxidantes de enxofre. Em Encyclopedia of Geobiology (pp. 71-77). Springer.
Stackebrandt, E. et al. (2002). Relatório do comité ad hoc para a reavaliação da definição de espécie em bacteriologia. Int J Syst Evol Microbiol, 52(3), 1043-1047.
Stackebrandt, E., & Goebel, B. M. (1994). Taxonomic note: a place for DNA-DNA reassociation and 16S rRNA sequence analysis in the present species definition in bacteriology. Int J Syst Evol Microbiol, 44(4), 846-849.
Stackebrandt, E., Frederiksen, W., Garrity, G. M., et al,. (2002). Relatório do comité ad hoc para a reavaliação da definição de espécie em bacteriologia. International Journal of Systematic and Evolutionary Microbiology, 52(3), 1043-1047
Stackebrandt, E., Rainey, F. A., & Ward-Rainey, N. L. (1997). Proposta de um novo sistema de classificação hierárquica, Actinobacteria classis nov. International Journal of Systematic and Evolutionary Microbiology, 47(2), 479-491.
Strous, M., Fuerst, J. A., Kramer, E. H., Logemann, S., Muyzer, G., Van De Pas-Schoonen, K. T., ... & Jetten, M. S. (1999). Litotrofo desaparecido identificado como novo planctomiceto. Nature, 400(6743), 446-449.
Sueoka, N. (1961). Variação e heterogeneidade da composição de bases dos ácidos desoxirribonucleicos: uma compilação de dados antigos e novos. Journal of Molecular Biology, 3(1), 31-40.
Tedersoo, L., Sánchez-Ramírez, S., Kõljalg, U., Bahram, M., Döring, M., Schigel, D., ... & Abarenkov, K. (2018). Classificação de alto nível dos Fungi e uma ferramenta para análises ecológicas evolutivas. Diversidade Fúngica, 90(1), 135-159.
Thomas, F., Hehemann, J. H., Rebuffet, E., Czjzek, M., & Michel, G. (2011). Bacteroidetes ambientais e intestinais: a perspetiva alimentar. Fronteiras em microbiologia, 2, 93.
Tindall, B. J., Rosselló-Móra, R., Busse, H. J., Ludwig, W., & Kämpfer, P. (2010). Notas sobre a caraterização de estirpes de procariotas para fins taxonómicos. International Journal of Systematic and Evolutionary Microbiology, 60(1), 249-266.
Tomitani, A., Knoll, A. H., Cavanaugh, C. M., & Ohno, T. (2006). The evolutionary diversification of cyanobacteria: molecular-phylogenetic and paleontological perspectives. Proceedings of the National Academy of Sciences, 103(14), 5442-5447.
Trüper, H. G. (1999). O código procariótico: seu uso, regras e conselhos. Bergey's Manual of Systematic Bacteriology, 1, 15-23
Utcliffe, I. C. (2015). Desafios em áreas de fronteira da taxonomia microbiana: um mar de pequenas subunidades. Tendências em Microbiologia, 23(9), 582-592.
Vaishampayan, P. A., Kuehl, J. V., Osman, et al.,. (2010). Bacillus horneckiae sp. nov., isolado de uma sala limpa de montagem de naves espaciais. International Journal of Systematic and Evolutionary Microbiology, 60(8), 1031-1037.
Vandamme, P., & Peeters, C. (2014). Tempo para revisitar a taxonomia polifásica. Antonie van Leeuwenhoek, 106(1), 57-65.
Vandamme, P., Pot, B., Gillis, M., De Vos, P., Kersters, K., & Swings, J. (1996). Polyphasic taxonomy, a consensus approach to bacterial systematics. Microbiological Reviews, 60(2), 407-438.
Vetrovsky, T., & Baldrian, P. (2013). A variabilidade do gene 16S rRNA em genomas bacterianos e suas consequências para análises de comunidades bacterianas. PloS one, 8(2), e57923

Ward, B. B., & Arp, D. J. (2017). Nitrificação no ambiente marinho. Em Nitrogénio no ambiente marinho (3ª ed., pp. 199-261). Academic Press.
Wayne, L. G. et al. (1987). Relatório do comité ad hoc sobre a reconciliação das abordagens à sistemática bacteriana. Int J Syst Evol Microbiol, 37(4), 463-464.
Whitman, W. B. (2015). Sequências de genoma como material tipo para taxonomia procariótica. Microbiologia Sistemática e Aplicada, 38(4), 217-222.
Whitman, W. B. (2016). Propostas modestas para expandir o material tipo para nomeação de procariotas. Revista Internacional de Microbiologia Sistemática e Evolutiva, 66(6), 2108-2112.
Whitman, W. B., Oren, A., Chuvochina, M., da Costa, M. S., Garrity, G. M., Rainey, F. A., ... & Schink, B. (2018). Proposta do sufixo -ota para denotar phyla. Adendo a 'Taxonomia do genoma: uma revisão da estrutura taxonômica bacteriana e arqueal derivada do metagenoma'. FEMS Microbiology Reviews, 42(6), 835-841.
Whittaker, R. H. (1969). New Concepts of Kingdoms of Organisms (Novos Conceitos de Reinos de Organismos). Science, 163(3863), 150-160. doi: 10.1126/science.163.3863.150
Whitton, B. A. (Ed.). (2012). Ecologia das cianobactérias II: sua diversidade no espaço e no tempo. Springer Science & Business Media.
Whitton, B. A., & Potts, M. (Eds.). (2012). A ecologia das cianobactérias: sua diversidade no tempo e no espaço. Springer Science & Business Media.
Wiegand, S., Jogler, M., Boedeker, C., Pinto, D., Vollmers, J., Rivas-Marín, E., ... & Jogler, C. (2020). O cultivo e a caraterização funcional de 79 Planctomycetes descobrem sua biologia única. Nature Microbiology, 5(1), 126-140.
Wiegel, J., Braun, M., & Gottschalk, G. (1985). Clostridium thermohydrosulfuricum sp. nov., uma bactéria anaeróbica, termofílica e formadora de esporos. International Journal of Systematic and Evolutionary Microbiology, 35(3), 407-413.
Wiegel, J., Tanner, R., & Rainey, F. A. (2006). Uma introdução à família Clostridiaceae. Em The Prokaryotes (pp. 654-678). Springer, Nova Iorque, NY.
Willey, J. M., Sherwood, L., & Woolverton, C. J. (2008). Prescott, Harley, and Klein's Microbiology (7ª Ed.). McGraw-Hill Ensino Superior
Woese, C. R. (1987). Bacterial evolution. Microbiological Reviews, 51(2), 221.
Woese, C. R., & Fox, G. E. (1977). Phylogenetic structure of the prokaryotic domain: the primary kingdoms (Estrutura filogenética do domínio procariótico: os reinos primários). Proceedings of the National Academy of Sciences, 74(11), 5088-5090.
Woese, C. R., Kandler, O., & Wheelis, M. L. (1990). Towards a natural system of organisms: proposal for the domains Archaea, Bacteria, and Eucarya. Proceedings of the National Academy of Sciences, 87(12), 4576-4579.
Yamamoto, S., & Harayama, S. (1995). Amplificação por PCR e sequenciação direta de genes gyrB com primers universais e sua aplicação à deteção e análise taxonómica de estirpes de Pseudomonas putida. Applied and Environmental Microbiology, 61(3), 1104-1109.
Yarza, P., Yilmaz, P., Pruesse, E., Glöckner, F. O., Ludwig, W., Schleifer, K. H., ... & Rosselló-Móra, R. (2014). Unindo a classificação de bactérias e arquéias cultivadas e não cultivadas usando sequências do gene 16S rRNA. Nature Reviews Microbiology, 12(9), 635-645.
Yarza, P., Yilmaz, P., Pruesse, E., Glöckner, F. O., Ludwig, W., Schleifer, K. H., ... & Rosselló-Móra, R. (2014). Unindo a classificação de bactérias e arquéias cultivadas e não cultivadas usando sequências do gene 16S rRNA. Nature Reviews Microbiology, 12(9), 635-

645.
Yoon, J. H., Kang, S. J., & Oh, T. K. (2007). Paenibacillus alkaliphilus sp. nov., isolado de uma lagoa vulcânica na Ilha da Tartaruga, Coreia. International Journal of Systematic and Evolutionary Microbiology, 57(9), 2202-2206.
Yurkov, V., & Csotonyi, J. T. (2009). Nova luz sobre os fototrofos aeróbicos anoxigénicos. Em G. Shively (Ed.), Complex Intracellular Structures in Prokaryotes (pp. 31-55). Springer, Berlim, Heid

Printed by Books on Demand GmbH, Norderstedt / Germany